Alban Bajard

Numérisation 3D de surfaces métalliques par imagerie infrarouge

Alban Bajard

Numérisation 3D de surfaces métalliques par imagerie infrarouge

Scanning from Heating

Presses Académiques Francophones

Impressum / Mentions légales
Bibliografische Information der Deutschen Nationalbibliothek: Die Deutsche Nationalbibliothek verzeichnet diese Publikation in der Deutschen Nationalbibliografie; detaillierte bibliografische Daten sind im Internet über http://dnb.d-nb.de abrufbar.
Alle in diesem Buch genannten Marken und Produktnamen unterliegen warenzeichen-, marken- oder patentrechtlichem Schutz bzw. sind Warenzeichen oder eingetragene Warenzeichen der jeweiligen Inhaber. Die Wiedergabe von Marken, Produktnamen, Gebrauchsnamen, Handelsnamen, Warenbezeichnungen u.s.w. in diesem Werk berechtigt auch ohne besondere Kennzeichnung nicht zu der Annahme, dass solche Namen im Sinne der Warenzeichen- und Markenschutzgesetzgebung als frei zu betrachten wären und daher von jedermann benutzt werden dürften.

Information bibliographique publiée par la Deutsche Nationalbibliothek: La Deutsche Nationalbibliothek inscrit cette publication à la Deutsche Nationalbibliografie; des données bibliographiques détaillées sont disponibles sur internet à l'adresse http://dnb.d-nb.de.
Toutes marques et noms de produits mentionnés dans ce livre demeurent sous la protection des marques, des marques déposées et des brevets, et sont des marques ou des marques déposées de leurs détenteurs respectifs. L'utilisation des marques, noms de produits, noms communs, noms commerciaux, descriptions de produits, etc, même sans qu'ils soient mentionnés de façon particulière dans ce livre ne signifie en aucune façon que ces noms peuvent être utilisés sans restriction à l'égard de la législation pour la protection des marques et des marques déposées et pourraient donc être utilisés par quiconque.

Coverbild / Photo de couverture: www.ingimage.com

Verlag / Editeur:
Presses Académiques Francophones
ist ein Imprint der / est une marque déposée de
OmniScriptum GmbH & Co. KG
Heinrich-Böcking-Str. 6-8, 66121 Saarbrücken, Deutschland / Allemagne
Email: info@presses-academiques.com

Herstellung: siehe letzte Seite /
Impression: voir la dernière page
ISBN: 978-3-8416-2297-6

Copyright / Droit d'auteur © 2013 OmniScriptum GmbH & Co. KG
Alle Rechte vorbehalten. / Tous droits réservés. Saarbrücken 2013

UNIVERSITE DE BOURGOGNE

Ecole Doctorale Sciences Pour l'Ingénieur et Microtechniques (SPIM)

Dispositif Jeune Chercheur Entrepreneur (JCE)

THESE

Présentée par

Alban BAJARD

Pour obtenir le titre de

DOCTEUR DE L'UNIVERSITE DE BOURGOGNE

Discipline : Instrumentation et Informatique de l'Image

NUMERISATION 3D DE SURFACES METALLIQUES SPECULAIRES PAR IMAGERIE INFRAROUGE

Soutenue le 20/11/2012

JURY

Moulay AKHLOUFI	Directeur R&D	CRVI/Université Laval	Examinateur
Olivier AUBRETON	MCF HDR	Université de Bourgogne	Co-encadrant
Laurent AUTRIQUE	Professeur	Université d'Angers	Examinateur
Ernest HIRSCH	Professeur	Université de Strasbourg	Rapporteur
Jean-José ORTEU	Professeur	Ecole des Mines d'Albi	Rapporteur
Pierre SALLAMAND	Professeur	Université de Bourgogne	Examinateur
Frédéric TRUCHETET	Professeur	Université de Bourgogne	Directeur de thèse

i

A Amandine et Adam,
A ma famille.

Avant-propos

Dans cette première partie, je tiens à exprimer combien je suis redevable envers toutes les personnes qui ont contribué, de près ou de loin, à l'aboutissement de cette thèse. Bien entendu, je remercie avant tout la direction du laboratoire Le2i (UMR CNRS 6306) pour m'avoir accueilli au sein de son département Vision au Creusot, et le Conseil Régional de Bourgogne, financeur du dispositif Jeune Chercheur Entrepreneur (JCE).

J'exprime mes plus sincères remerciements à Jean-José ORTEU, Professeur des Ecoles des Mines à Albi et Ernest HIRSCH, Professeur à l'Université de Strasbourg qui m'ont fait l'honneur de consacrer une partie de leur temps à l'examen de ce mémoire et au jury de soutenance, en acceptant d'être rapporteurs. De même, je souhaite vivement remercier les examinateurs de cette thèse : Moulay AKHLOUFI, Directeur Recherche et Développement du Centre de Robotique et de Vision Industrielles au Québec, Laurent AUTRIQUE, Professeur à l'Université d'Angers et Pierre SALLAMAND, Professeur à l'Université de Bourgogne.

Je souhaite manifester ici mes remerciements ainsi que mon plus profond respect à Messieurs Frédéric TRUCHETET et Olivier AUBRETON, directeur et co-encadrant de ma thèse. Je les remercie pour la confiance qu'ils m'ont accordée durant ces trois années, pour la complémentarité de leur encadrement, pour leur rigueur scientifique et la richesse de leurs conseils.

L'inscription de ce travail dans le cadre d'un projet collaboratif, 3DSCAN, m'as permis de côtoyer plusieurs personnes que je voudrais remercier pour les échanges scientifiques et techniques que nous avons tenus. J'adresse ainsi toute ma reconnaissance à : Benjamin, apprenti-ingénieur que j'ai eu le plaisir de co-encadrer, Youssef, Pierre, Jérôme, Mickaël, aujourd'hui dirigeant de la société VECTEO, ainsi que M. Carré du groupe POLIGRAT, pour l'aide précieuse qu'ils m'ont apportée. J'adresse également mes sincères remerciements à l'équipe turque du projet, en particulier à Aytül ERÇIL et Gönen EREN.

Une partie des expérimentations présentées dans cette thèse a été réalisée grâce à la générosité de l'équipe LTm (Laser et Traitement des matériaux) du Laboratoire Interdisciplinaire Carnot de Bourgogne. Que les membres de ce laboratoire trouvent ici l'expression de mes sincères remerciements pour la confiance et la liberté qu'ils m'ont offerts avec le prêt de leurs matériels, accompagnés de conseils toujours pertinents. Je remercie notamment Henri ANDRZEJEWSKI, Pierre SALLAMAND, Simone MATTEÏ, Olivier MUSSET,...

Je ne pourrais pas mentionner ici toutes les personnes du laboratoire Le2i que je souhaite remercier, j'adresse donc ma plus sincère gratitude à tous les doctorants, stagiaires, enseignants-chercheurs et personnels techniques, ainsi qu'à Nathalie, secrétaire CNRS, pour sa disponibilité et pour la bonne ambiance qu'elle véhicule au sein de l'équipe.

En plus du challenge lié à l'aboutissement de la thèse, j'ai eu l'opportunité, à travers le dispositif JCE, de suivre les enseignements du Master Administration des Entreprises. Je remercie l'équipe enseignante de l'IAE de Dijon et notamment Fabrice HERVE, Maître de Conférences à l'Université de Bourgogne, pour son suivi et la coordination de la formation. Pour tous les moments de doute et de satisfaction que nous avons partagés, je remercie l'ensemble des doctorants JCE et en particulier Lauriane, Virginie, Nicolas ainsi que mon cher ami Souhaiel, que je remercie pour m'avoir fait découvrir la Tunisie et pour beaucoup de choses dont il serait difficile de faire la liste exhaustive en seulement quelques lignes.

Mes moments de décontraction ont principalement été rythmés par la course à pied. A ce titre, je tiens à remercier les *runners* du labo de m'avoir initié et entraîné aux joies du trail, merci donc à Olivier, Fabrice, Mickaël, Youssef et Cédric pour les moments de convivialité mais aussi de rivalité en leur compagnie.

La remise en question inévitable liée au travail de thèse m'a permis de me rendre compte de la chance que j'ai d'être si bien entouré. Je remercie ma famille et mes parents qui m'ont toujours soutenu dans tout ce que j'ai entrepris. Enfin, il m'est impossible d'imaginer en être arrivé là sans Amandine, que je ne remercierai jamais assez, et notre fils Adam qui, par ces sourires, m'aura transmis beaucoup d'énergie pour finaliser ces travaux.

Résumé

Depuis plus de vingt ans, le besoin en numérisation 3D de pièces industrielles augmente considérablement. Par conséquent, un grand nombre de techniques expérimentales ont été proposées ainsi que quelques solutions commerciales. Cependant, des difficultés subsistent pour l'acquisition de surfaces optiquement non coopératives, comme les surfaces transparentes et/ou spéculaires. En effet, la transmission ou réflexion spéculaire de la lumière va à l'encontre du fonctionnement des systèmes conventionnels d'acquisition 3D, qui repose sur l'acquisition de la partie diffuse de la réflexion. Afin d'aborder la problématique de numérisation 3D des surfaces métalliques fortement réfléchissantes, nous proposons l'extension d'une technique non conventionnelle, initialement dédiée aux objets en verre et appelée « Scanning from Heating ». Cette technique diffère des approches classiques de triangulation active par la mesure de l'émission thermique de la surface plutôt que de la réflexion du rayonnement visible. Une source laser est géométriquement calibrée avec un capteur infrarouge pour extraire le nuage de points 3D des images thermiques. En nous appuyant sur les propriétés thermo-physiques des métaux, nous présentons un modèle théorique des échanges thermiques mis en jeu par la technique, permettant de démontrer la faisabilité sur les matériaux métalliques. Grâce à un outil de simulation par éléments finis, les résultats apportent des indications essentielles pour le développement d'une solution expérimentale et le réglage de celle-ci. Un premier dispositif expérimental a été mis en œuvre afin de valider le processus de numérisation 3D sur des surfaces spéculaires, de géométries et de compositions variées. Par ailleurs, une comparaison de nos résultats de numérisation avec ceux d'un système conventionnel permet de démontrer la polyvalence de notre technique. En effet, à partir d'un panel d'échantillons de géométries identiques mais d'états de surface différents, nous mettons en évidence que les performances d'acquisition 3D ne sont pas influencées par la rugosité de la surface. Enfin, en se basant sur des observations empiriques, un prototype de numérisation 3D est développé afin d'apporter des améliorations conséquentes par rapport au système initial.

Mots-clés

Numérisation 3D, infrarouge, transferts thermiques, surfaces spéculaires, rugosité.

Abstract

For the past twenty years, the need for three-dimensional digitization of manufactured objects has increased significantly and consequently, many experimental techniques and commercial solutions have been proposed. However, difficulties remain for the acquisition of optically non cooperative surfaces, such as transparent or specular ones. Since the working principle of conventional scanners is based on the acquisition of the diffuse part of the reflection, transparency and specular reflections may cause outliers. To address highly reflective metallic surfaces, we propose the extension of a non conventional technique that was originally dedicated to glass objects, called "Scanning from Heating". In contrast to classical active triangulation techniques that acquire the reflection of visible light, we measure the thermal emission of the heated surface. A laser source is geometrically calibrated with a thermal sensor to extract a cloud of 3D points from infrared images. Considering the thermo-physical properties of metals, we present a theoretical model of heat exchanges that are induced by the process, helping to demonstrate its feasibility on metallic materials. With a finite element analysis solver, results give some important indications about the conception and the settings of the experimental solution. A first device has been designed in order to validate the 3D digitization process on specular surfaces, with various geometries and compositions. Furthermore, a comparison of our results with those of a conventional system shows the versatility of our technique. Actually, from metallic samples with the same dimensions but various surface states, we prove that the accuracy of the 3D acquisition is not affected by the surface roughness variations. Finally, according to some practical observations, a 3D scanner prototype has been designed to improve the efficiency of the first system.

Subject terms

3D digitization, infrared, heat transfer, specular surfaces, roughness.

Table des matières

Chapitre 1   Introduction *1*

1.1   Cadre de travail 1

1.2   Contexte et motivations 2

1.3   Contributions et organisation du document 3

Chapitre 2   Vision 3D et surfaces spéculaires *5*

2.1   Systèmes d'acquisition 3D conventionnels 7

    2.1.1   Systèmes passifs 8

        2.1.1.1   Stéréovision 8

        2.1.1.2   Photogrammétrie 9

        2.1.1.3   Shape from Texture 9

        2.1.1.4   Shape from Focus 9

        2.1.1.5   Shape from Shading 10

    2.1.2   Systèmes actifs 10

        2.1.2.1   Triangulation laser 10

        2.1.2.2   Lumière structurée 12

        2.1.2.3   Temps de vol 13

        2.1.2.4   Interférométrie 13

        2.1.2.5   Moiré d'ombre 14

        2.1.2.6   Shape from Shadows 14

    2.1.3   Synthèse 14

    2.1.4   Problématique liée aux surfaces spéculaires 16

        2.1.4.1   Modèles de réflexion 16

        2.1.4.2   Illustration de la problématique 19

2.2   Méthodes de numérisation 3D de surfaces spéculaires **21**

    2.2.1   Déflectométrie et « Shape from Distortion » 21

    2.2.2   Shape from Polarization 25

    2.2.3   Multipeak range imaging 26

    2.2.4   Méthodes basées sur le mouvement 27

    2.2.5   Synthèse 28

2.3   Le rayonnement non visible pour la numérisation 3D **29**

2.3.1 Méthodes basées sur la réflexion 30
    2.3.1.1 Lumière structurée IR 30
    2.3.1.2 Systèmes multi-caméras 30
    2.3.1.3 Triangulation multispectrale 32
    2.3.1.4 Imagerie polarimétrique 32
2.3.2 Méthodes basées sur l'émission 33
    2.3.2.1 Méthodes passives 34
    2.3.2.2 Méthodes actives 34
2.3.3 Synthèse 38

Chapitre 3   Modélisation théorique 41

3.1 **Mise en équation du processus** **42**
    3.1.1 Conduction 43
    3.1.2 Rayonnement 45
    3.1.3 Convection 46
    3.1.4 Apport du laser 46
    3.1.5 Bilan énergétique global 47

3.2 **Propriétés thermo-physiques et radiatives des métaux** **49**
    3.2.1 L'absorption 49
        3.2.1.1 Théorie de Drude 49
        3.2.1.2 Indice de réfraction du métal 51
        3.2.1.3 Détermination de l'absorptivité 52
        3.2.1.4 Influence de la longueur d'onde 53
    3.2.2 La mesure par rayonnement 55
        3.2.2.1 Modèle d'émission du corps noir 55
        3.2.2.2 Emission des corps réels 58
        3.2.2.3 La mesure par capteur thermique 62

3.3 **Résultats de simulation** **67**
    3.3.1 Distribution spatiale de la chaleur 67
        3.3.1.1 Hypothèses 67
        3.3.1.2 Influence du matériau 68
        3.3.1.3 Influence de la conductivité thermique 69
    3.3.2 Réponse temporelle et réglages de la source 71
    3.3.3 Validité du modèle numérique 73

3.4 **Conclusion** **75**

Chapitre 4   Mise en œuvre expérimentale **76**

4.1   **Démonstration de la faisabilité** **76**

    4.1.1   Système expérimental 76

    4.1.2   Calibrage géométrique 79

    4.1.3   Méthode de reconstruction 81

        4.1.3.1   Acquisition 82

        4.1.3.2   Traitement 82

    4.1.4   Résultats et discussions 84

    4.1.5   Limitations du système 90

        4.1.5.1   Système de balayage 90

        4.1.5.2   Encombrement et sécurisation de l'environnement 90

        4.1.5.3   Caméra IR 90

        4.1.5.4   Faisceau laser 91

4.2   **Optimisation** **93**

    4.2.1   Description du prototype 93

        4.2.1.1   Tête galvanométrique 94

        4.2.1.2   Caméra thermique 95

        4.2.1.3   Source laser 95

    4.2.2   Calibrage géométrique 98

        4.2.2.1   Calibrage du système de projection 98

        4.2.2.2   Calibrage du couple laser/caméra 100

        4.2.2.3   Interpolation 103

    4.2.3   Méthode de reconstruction 104

Chapitre 5   Résultats *105*

5.1   **Résultats de numérisation 3D** **105**

    5.1.1   Nuages de points 105

    5.1.2   Evaluation des performances 109

5.2   **Etude de l'influence de la rugosité** **111**

    5.2.1   Remarques préliminaires 111

    5.2.2   Méthodologie de la mesure 114

    5.2.3   Résultats 116

        5.2.3.1   Distribution d'erreur 117

        5.2.3.2   Etendue de la surface acquise 118

        5.2.3.3   Estimation du diamètre 119

    5.2.3.4   Application industrielle 120

    5.2.4   Conclusion 121

Chapitre 6   Conclusion et perspectives 123

    6.1   Conclusion générale **123**

    6.2   Publications **125**

    6.3   Perspectives **127**

Chapitre 1   Introduction

Dans un souci permanent de contrôle qualité, le besoin en numérisation 3D de pièces industrielles est grandissant depuis quelques années. Les systèmes de vision industrielle ont progressivement évolué dans ce sens, depuis la mise en évidence de défauts de surface à partir d'images 2D jusqu'à l'extraction d'informations tridimensionnelles pour la mesure de formes. Bien que de nombreux scanners 3D aient été commercialisés avec succès, des verrous technologiques persistent, notamment en ce qui concerne l'acquisition de certains types de surfaces.

1.1 Cadre de travail

Le travail de thèse synthétisé dans ce manuscrit a été réalisé au Laboratoire d'Electronique, Informatique et Image (UMR CNRS 6306), sur le site de l'IUT du Creusot. Initialement spécialisé dans le contrôle qualité et l'inspection par vision artificielle, le laboratoire s'est progressivement intéressé à des problématiques d'acquisition par vision tridimensionnelle et de traitement des données. Les travaux présentés dans ce manuscrit s'inscrivent dans le cadre de la thématique SINC (Systèmes d'Imagerie Non Conventionnels) du département Vision. D'une façon générale, un système d'imagerie non conventionnelle résulte de l'implémentation de plusieurs outils dédiés à l'acquisition et au traitement des signaux et des images. L'équipe creusotine travaille en particulier sur l'imagerie de polarisation, l'imagerie utilisant le rayonnement non visible (Ultra-violet, Infrarouge), l'imagerie multispectrale et la vision omnidirectionnelle.

Le caractère particulier de cette thèse est qu'elle s'inscrit dans le dispositif « Jeune Chercheur Entrepreneur » (JCE) proposé par le Conseil Régional de Bourgogne. Ce dispositif diplômant est un double cursus qui a offert l'opportunité de valider, durant les trois années de la thèse, un Master en Administration des Entreprises. La formation est conduite par l'IAE de Dijon (Institut d'Administration des Entreprises), et conjointement par l'ESC Dijon (Ecole

Supérieure de Commerce) et Premice, Incubateur régional de Bourgogne. L'objectif est d'obtenir les outils en gestion des entreprises et management de l'innovation afin de mieux valoriser les travaux de doctorat. L'aspect innovant et particulièrement applicatif de cette thèse est en totale adéquation avec le dispositif JCE.

Par ailleurs, la thèse s'inscrit dans un cadre de recherche collaboratif : le projet 3DSCAN. Il s'agit d'un projet européen, labellisé EUREKA, qui met en contact plusieurs partenaires industriels et universitaires, de trois nationalités différentes : turcs, suédois et français. A l'origine, le projet a été mis en place grâce à un partenariat entre le laboratoire Le2i, le laboratoire VPA de l'Université de Sabancı en Turquie et l'entreprise Vistek qui en émane. L'objectif du projet porte sur l'étude et la conception de solutions innovantes pour la numérisation 3D de surfaces métalliques et transparentes.

1.2 Contexte et motivations

Le contrôle sans contact de surfaces métalliques spéculaires reste un challenge pour les applications de Vision 2D ou 3D. La qualité des images acquises est en effet fortement dépendante du positionnement du capteur et de l'éclairage car la surface a tendance à se comporter comme un miroir. La forte réflectivité de la surface implique des observations indésirables comme des zones de saturation, des inter-réflexions, ou bien la réflexion de l'environnement, perturbant fortement l'interprétation des images. Par conséquent, l'extraction de données tridimensionnelles sur ce type de surfaces, par l'utilisation des méthodes conventionnelles basées sur de la triangulation, est impossible.

En ce sens, la mise en œuvre d'un système de numérisation 3D opérationnel sur des surfaces spéculaires serait une innovation. De plus, le besoin des industriels est croissant. Les secteurs de l'automobile et de l'aéronautique sont demandeurs de ce type de mesures, puisque ce sont des domaines où la qualité d'usinage des pièces métalliques doit être maximale, ce qui implique souvent des états de surfaces lisses et donc spéculaires. Le contrôle dimensionnel de pièces industrielles est une application récurrente en numérisation 3D mais les besoins sont très variés dans d'autres domaines comme le jeu vidéo (réalité augmentée), l'archéologie (conservation du patrimoine, analyse d'objets fragiles), le sport (adaptation des équipements), le domaine médical (réalisation de prothèses sur mesure),... Le champ d'application de la numérisation 3D de surfaces spéculaires ou non est très large et s'agrandit à mesure que les systèmes d'acquisition tridimensionnelle évoluent.

La numérisation de surfaces réfléchissantes est également motivée par le fait que l'on se place dans un contexte industriel de mesure, à des fins de contrôle dimensionnel, l'aspect métrologique du système est non négligeable et des progrès dans ce domaine permettraient d'aller au-delà de la simple reconstruction 3D de la forme.

Enfin, étant confrontés aux verrous liés à la numérisation de surfaces spéculaires par la lumière visible, l'apport d'une approche non conventionnelle basée sur de l'imagerie infrarouge nous apparaît comme nécessaire et permet de traiter des questions d'interaction thermique, non posées classiquement pour les systèmes d'imagerie tridimensionnelle.

1.3 Contributions et organisation du document

Après avoir proposé une présentation synthétique des techniques de numérisation 3D conventionnelles et leurs applications, le chapitre 2 est consacré à l'exposé de la problématique générale liée à l'acquisition des surfaces spéculaires en Vision, illustrée par les modèles théoriques de réflexion de la lumière. Un état de l'art des solutions de mesure 3D sans contact sur les surfaces spéculaires est ensuite présenté et discuté. Nous abordons également les techniques exploitant le rayonnement non visible, et notamment le « Scanning from Heating » en démontrant l'intérêt de l'extension de la méthode aux surfaces réfléchissantes. Un état de l'art particulier sur d'autres techniques utilisant le rayonnement infrarouge pour des applications de Vision 3D et de contrôle non destructif est finalement présenté.

Le chapitre 3 s'attachera à décrire comment modéliser théoriquement les échanges thermiques mis en jeu par la technique. Nous définirons les principales propriétés thermo-physiques des métaux et comment elles influencent la mise en œuvre de la technique. Une analyse des échanges en simulation par éléments finis permet d'illustrer ces constatations et de dimensionner le système à développer pour l'application de notre technique.

Le chapitre 4 détaille la mise en œuvre du prototype de mesure qui s'est effectuée en deux temps : un premier système a été proposé afin de démontrer la faisabilité de la méthode sur les matériaux métalliques spéculaires, puis un travail d'optimisation a été réalisé suite à la mise en évidence de plusieurs limitations. Le prototype final est alors présenté et nous explicitons la méthode de calibrage du système et la procédure d'extraction des nuages de points 3D.

Nous consacrons ensuite le chapitre 5 aux résultats obtenus. Nous présentons la mise en évidence de la principale contribution apportée par l'application de notre méthode aux objets spéculaires : à la différence des méthodes non conventionnelles, les performances de la numérisation sont indépendantes de la rugosité (qui conditionne l'aspect spéculaire ou diffus de la surface). Grâce aux nuages de points 3D acquis et à la caractérisation de l'erreur sur tout le volume de mesure, nous avons par la suite cherché à évaluer et discuter des performances du système optimisé.

Le dernier chapitre de ce manuscrit conclut sur l'étude réalisée et présente de nouvelles perspectives à ce travail, en s'appuyant notamment sur des résultats préliminaires concernant l'extraction d'une information tridimensionnelle sur la surface interne d'un verre creux.

Chapitre 2   Vision 3D et surfaces spéculaires

Cette partie du mémoire s'attache à proposer d'une part un état de l'art sur les techniques d'acquisition 3D et d'autre part à exposer la problématique d'extension d'une méthode utilisant le rayonnement infrarouge (IR) pour la numérisation 3D de surfaces spéculaires. Après avoir brièvement situé la mesure sans contact dans son contexte, nous rappellerons les techniques les plus courantes utilisant la vision pour l'extraction de formes tridimensionnelles. En nous appuyant sur quelques exemples ainsi que sur les modèles de réflexion de la lumière, nous expliciterons la problématique générale liée à la numérisation 3D de surfaces spéculaires. Une revue des approches proposées dans ce cadre sera présentée, ainsi que les limitations de chacune d'elle. Nous élargirons ensuite l'étude aux techniques utilisant le rayonnement non visible afin d'identifier l'enjeu de l'extension de la méthode « Scanning from Heating » aux surfaces spéculaires. Une description de la technique permettra alors d'exposer la principale problématique de ces travaux.

Afin de positionner les techniques et de structurer ce chapitre, nous proposons une arborescence permettant de classer et de répertorier de façon non exhaustive les techniques d'acquisition 3D existantes (voir figure 2-1). Plusieurs organigrammes de ce type peuvent être trouvés dans la littérature [1,2]. Bien que notre étude porte uniquement sur la mesure sans contact, il convient de présenter rapidement la mesure avec contact, puisqu'il s'agit de la méthode la plus précise actuellement (voir figure 2-2). Le principe de fonctionnement repose sur le palpage d'une surface point par point, à l'aide d'une sphère en rubis montée sur un stylet. La base du stylet est constituée de trois tiges, chacune reposant sur deux billes, créant ainsi 6 points de contact. Un signal de déclenchement est alors généré dès qu'un contact est ouvert afin de mémoriser la coordonnée de la machine à l'instant où une contrainte est appliquée sur le palpeur. Un tel système peut être embarqué sur une Machine à Mesurer Tridimensionnelle (MMT) ou bien sur un bras articulé de telle sorte que le palpeur soit indexé dans un repère fixe.

Chapitre 2 – Vision 3D et surfaces spéculaires

Cette technique est complémentaire aux systèmes de mesure sans contact, dans le sens où les spécifications sont différentes : temps d'acquisition beaucoup plus long (de l'ordre du point par seconde), faible densité de points, intervention indispensable de l'opérateur, application impossible sur des matériaux fragiles/déformables etc. Cependant, la précision d'un tel système peut atteindre le micromètre, c'est pourquoi la mesure constitue souvent une référence pouvant servir de comparaison avec un autre système de numérisation sans contact. Nous confirmerons d'ailleurs au fil de ce document que, lorsque la surface se prête aux mesures par palpage, il est judicieux d'évaluer les performances d'un système sans contact en calculant la déviation des mesures par rapport à un résultat de référence donné par une MMT.

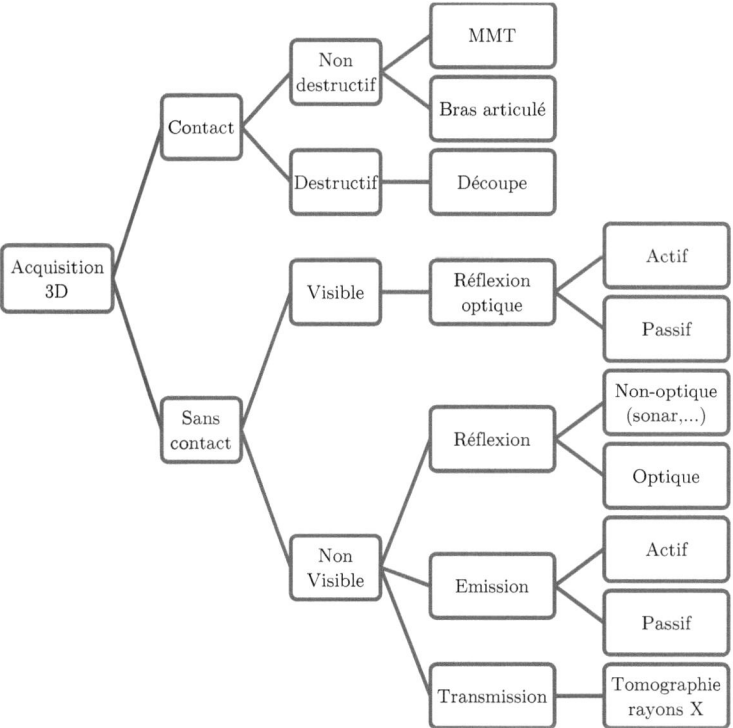

Figure 2-1 – Une classification des méthodes d'acquisition 3D

Chapitre 2 – Vision 3D et surfaces spéculaires

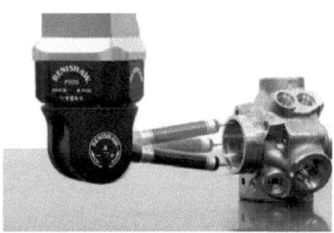

Figure 2-2 – Mesure 3D avec contact

2.1 Systèmes d'acquisition 3D conventionnels

Nous nous intéressons dans cette partie aux systèmes de mesure sans contact dits « conventionnels », c'est-à-dire les techniques de vision qui se basent seulement sur la mesure du rayonnement visible, réfléchi à la surface de la scène à mesurer. Dans la classification proposée (figure 2-1), cette branche regroupe la plupart des travaux qui ont fait l'objet d'un transfert de technologie. Néanmoins, d'autres méthodes répandues telles que la déflectométrie ou bien le capteur Kinect seront respectivement présentées avec les méthodes dédiées aux surfaces spéculaires (partie 2.2) et avec les méthodes utilisant le rayonnement non-visible (partie 2.3).

Les premières publications décrivant des systèmes d'acquisition de données 3D datent du début des années 1980. Du fait de la grande variété d'application (industrie, médecine, publicité, jeu vidéo, robotique mobile,...) imposant des contraintes plus ou moins importantes, des techniques très différentes ont été développées. Sansoni et al. [**3**] proposent un état de l'art et une classification des méthodes sans contact permettant la mesure tridimensionnelle. Parmi les méthodes optiques, deux grandes catégories peuvent être identifiées :

- les systèmes passifs : aucune source de lumière ne participe directement à l'extraction d'informations tridimensionnelles, une mesure passive est réalisée par un ou plusieurs capteurs. La méthode la plus répandue est la stéréovision passive, la difficulté de reconstruction concerne la mise en correspondance des points sur plusieurs images [**4,5**].
- les systèmes actifs : ils sont composés d'un ou plusieurs capteurs et d'une source de lumière. La forme de la projection peut être un point, une ligne ou bien un motif 2D. Une revue de ces techniques est donnée par Chen et

al. [6] ou Beraldin et al. [2]. Etant donné que l'éclairage de la pièce est contrôlé, ces méthodes sont moins dépendantes de la lumière ambiante et donc plus efficaces. Un grand nombre de techniques actives ont été commercialisées, avec des performances et des champs d'application variables [7].

Les principes de fonctionnement des techniques les plus usitées sont détaillés ci-après et une synthèse des atouts et limitations de chacune des techniques est ensuite présentée.

2.1.1 Systèmes passifs

Un système passif ne nécessite pas l'utilisation d'éclairage mais exploite une autre caractéristique pour extraire l'information 3D : mouvement, cibles de dimension connues, vues multiples, netteté de l'objet, etc.

2.1.1.1 Stéréovision

La vision stéréoscopique est la méthode passive la plus largement étudiée. Le principe tend à se rapprocher du fonctionnement de la vision humaine : deux caméras font l'acquisition d'une même scène à partir de deux points de vue différents afin d'extraire une information de profondeur. Une mesure n'est réalisable qu'après calibrage des caméras dans un repère unique, c'est-à-dire qu'il faut connaître les paramètres intrinsèques (focale, taille des pixels,...) et les paramètres extrinsèques (position et orientation) de chacune des caméras. Après acquisition de la paire d'images, l'étape primordiale pour la reconstruction tridimensionnelle est l'appariement ou mise en correspondance. Lorsque les points de correspondance sont identifiés et que les caméras sont calibrées, la géométrie épipolaire permet de calculer les points 3D [8]. L'extraction de ces points caractéristiques dépend beaucoup de la texture de la scène (et donc de l'éclairage ambiant) mais aussi de la présence ou non de zones d'occlusions. La figure 2-3 illustre l'appariement de certains points caractéristiques (angles, coins, contours) sur deux images prises par un système stéréoscopique. Les images ont été préalablement corrigées, dans le sens où les effets de distorsion sont supprimés et une transformation homographique permet de représenter les deux images sur le même plan, quelle que soit l'orientation des caméras. Les correspondants de chaque point de l'image de gauche sont estimés sur l'image de droite grâce à un calcul de corrélation. Une reconstruction 3D éparse peut ensuite être réalisée.

Chapitre 2 – Vision 3D et surfaces spéculaires

Figure 2-3 – Points de correspondance calculés
sur une paire d'images stéréoscopiques

2.1.1.2 Photogrammétrie

La photogrammétrie est dérivée de la technique de stéréovision et par conséquent dispose des mêmes contraintes et limitations. Elle consiste à faire des acquisitions d'une scène par une seule caméra selon plusieurs points de vue. Généralement, des mires calibrées sont disposées dans le champ de vue afin de favoriser la reconstruction de la surface. La densité de points obtenue restant relativement faible, la photogrammétrie trouve majoritairement des applications dans l'archéologie [9], la mesure topographique ou les grands volumes (au-delà du m^3).

2.1.1.3 Shape from Texture

L'objectif de la technique est de mesurer l'orientation de la surface à partir de l'exploitation de la texture des objets. Le champ de normales ainsi obtenu permet d'interpréter la forme de l'objet. Des hypothèses fortes sont généralement faites pour parvenir à des reconstructions 3D convenables. La précision de la mesure reste faible, bien que des travaux récents aient permis de revisiter la technique classique de « Shape from Texture » [10,11].

2.1.1.4 Shape from Focus

Cette technique s'apparente également au terme de « Depth from Focus », souvent associé au « Depth from Defocus ». Le principe de base est la mesure du flou sur une image. En utilisant des systèmes optiques à profondeur de champ très faible, il est alors possible de déduire la profondeur des points qui apparaissent nets à l'image en connaissant la distance focale. La reconstruction 3D d'une pièce se fait ensuite par sectionnement optique, c'est-à-dire en faisant l'acquisition de

Chapitre 2 – Vision 3D et surfaces spéculaires

plusieurs images à différentes altitudes (déplacement de l'objet ou variation de la focale). Le champ de vue d'un tel système est très limité mais offre une bonne précision sur la mesure de la profondeur. La qualité de la mesure dépend aussi de la présence d'éléments caractéristiques sur la pièce.

2.1.1.5 Shape from Shading

Horn est le premier à poser la problématique dans les années 1970 [12]. Une revue plus détaillée des méthodes a été donnée par la suite par Zhang et al. [13]. L'enjeu de la technique est d'extraire la forme 3D d'un objet à partir de la réflectance de la surface supposée connue et de la carte d'intensité donnée par l'image acquise. En effet, le niveau d'intensité donné par chaque pixel dépend de plusieurs facteurs qui sont : l'éclairage de la scène, la forme de la surface, sa réflectance et la position du capteur. En posant plusieurs hypothèses fortes (la surface est considérée lambertienne), il est alors possible d'extraire la forme tridimensionnelle. Cependant, des problèmes persistent comme l'ambiguïté concave/convexe et des travaux récents tentent de les résoudre [14,15].

Figure 2-4 – Illustration de l'ambigüité concave/convexe du Shape from Shading provenant d'une même image retournée

2.1.2 Systèmes actifs

Il apparaît clairement que les systèmes passifs sont tributaires de l'éclairage ambiant et, par conséquent de la texture apparente de la scène à numériser. Pour limiter cette influence, des systèmes actifs sont utilisés : l'éclairage est maîtrisé et participe directement à la mesure tridimensionnelle.

2.1.2.1 Triangulation laser

Un système de triangulation laser est généralement composé d'une source laser (émettant un faisceau sous forme de point ou de ligne) et d'un capteur linéaire ou matriciel. Une revue des techniques appartenant à cette catégorie est présentée par Forest [16]. Le principe de base de la triangulation active est représenté sur la figure 2-5.

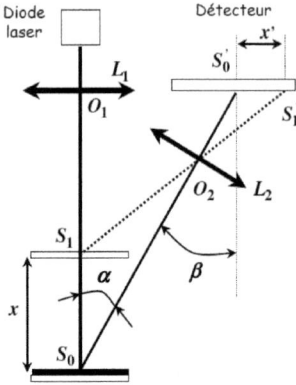

Figure 2-5 – Principe de la triangulation active

Il s'agit de calculer la position tridimensionnelle du point projeté sur la surface à mesurer par l'intersection de deux directions connues (grâce à une étape préalable de calibrage) : celle du rayonnement laser et celle décrite par la droite entre le point projeté dans l'image $S_1{}'$ et le centre optique de la caméra O_2. L'angle formé par le faisceau laser et l'axe optique de la caméra est l'angle α. A partir des propriétés de l'optique géométrique, il est alors possible d'établir la relation entre le déplacement x de la surface de travail et la mesure du déplacement correspondant x' sur le détecteur :

$$\frac{x'}{x} = \frac{f \sin \alpha}{\cos \beta \, (-d_0 + f + x \cos \alpha)}$$

Équation 2-1

avec f la distance focale de la lentille L_2 et d_0 la distance $\|\overrightarrow{S_0 O_2}\|$.

La mesure complète de la surface est réalisée en balayant le faisceau laser ou bien en translatant l'objet. Dans une configuration conventionnelle de triangulation, un compromis doit être trouvé entre l'angle α (une grande valeur améliore la précision) et le champ de vue de la caméra (pour limiter les zones d'ombres et d'occlusions). Les lasers lignes exploitent le même principe de triangulation et améliorent la vitesse d'acquisition (entre 500 et 1000 points acquis par ligne). La ligne peut être obtenue avec un système divergent tel qu'une lentille cylindrique ou bien avec un miroir rotatif.

2.1.2.2 Lumière structurée

Pour éviter une action mécanique de balayage du faisceau de lumière, des motifs bidimensionnels couvrant le champ de vision de la caméra, ont été proposés (faisceau de lignes, grille ou matrice de points). Le calcul des coordonnées 3D à partir de la projection de lumière structurée est également basé sur le principe de triangulation dans la mesure où le motif projeté est considéré comme une multitude de points ou de lignes avec des orientations différentes. Un nuage de points est alors extrait à partir d'une seule prise de vue. Différentes techniques ont été inventoriées et classifiées par Batlle [**17**] puis actualisées plus récemment [**18**]. La principale difficulté de reconstruction réside dans le fait que chaque élément du motif doit être distinctement indexé de telle sorte qu'il corresponde à un unique homologue dans l'image capturée par la caméra. Plusieurs techniques de codage ont ainsi été proposées pour résoudre ce problème de mise en correspondance : la lumière structurée peut être modulée dans l'espace, le temps, l'intensité ou la couleur (voir exemple de la figure 2-6).

La technique de projection de franges binaires a été particulièrement bien transférée puisqu'elle apporte une très bonne précision de mesure. Un exemple de scanner commercialisé est le système Comet 5 de Steinbichler (figure 2-7), doté au mieux d'un capteur de 11 mégapixels. L'acquisition est dense et rapide avec ce type de système. Cependant, comme la plupart des scanners actifs, une numérisation complète de la surface (sans données manquantes) nécessite plusieurs vues. A ce sujet, notons que des études en cours portent sur la planification intelligente de vues pour l'automatisation de la numérisation 3D [**19**].

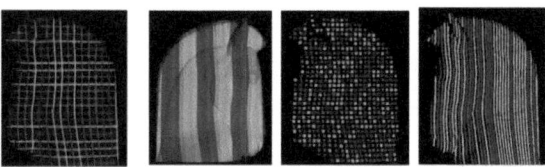

Figure 2-6 – Motifs de lumière structurée codés par la couleur [20]

Chapitre 2 – Vision 3D et surfaces spéculaires

Figure 2-7 – Comet 5 de Steinbichler

2.1.2.3 Temps de vol

Le scanner par temps de vol (ou Time-Of-Flight, TOF) est un système actif de mesure point par point, basé sur le principe de la télémétrie. Un émetteur envoie une onde (de nature lumineuse en général) sur la surface à mesurer. L'onde réfléchie est détectée par un récepteur qui mesure son intensité ainsi que son temps d'aller-retour. Il est alors facile d'en déduire la position du point visé. Du fait de la haute sensibilité des éléments électroniques permettant de mesurer des durées de l'ordre de la picoseconde, différentes technologies de numérisation par temps de vol ont été étudiées pour réduire le bruit. Les techniques les plus répandues sont : la détection d'impulsion, le décalage de phase, la modulation en fréquence, etc. Des études comparatives ont été réalisées pour évaluer la précision de mesure des scanners par temps de vol (par exemple [21] pour le système Trimble Mensi GS100). La principale caractéristique de ces systèmes est leur grande distance de travail et par conséquent le vaste champ de vue associé ; l'erreur de mesure qui en découle n'excède pas 6 mm pour des distances d'acquisitions inférieures à 50 m [22]. L'acquisition de points échoue cependant lorsque la surface devient trop réfléchissante.

2.1.2.4 Interférométrie

L'utilisation des lasers favorise la création d'interférences lumineuses étant donné la grande cohérence de ces rayonnements. En effet, si une lumière cohérente est séparée en deux faisceaux qui suivent des chemins optiques légèrement différents, alors la recombinaison de ces deux faisceaux laissera apparaître une figure d'interférences. Grâce à cette propriété, il est possible de mesurer des déplacements très faibles (de l'ordre de la longueur d'onde). Des systèmes plus évolués ont été étudiés et permettent d'étendre les capacités de mesure : approche multispectrale, interférométrie de speckle, holographie (voir figure 2-8),... Une revue de ces méthodes est proposée par Jahne et al. [23].

Chapitre 2 – Vision 3D et surfaces spéculaires

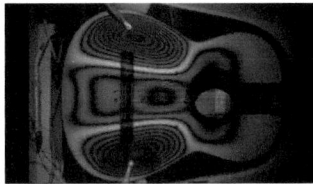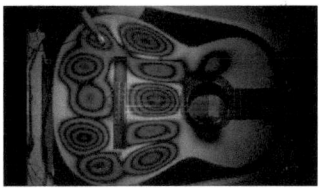

Figure 2-8 – Mesure de vibrations par holographie interférométrique

2.1.2.5 Moiré d'ombre

Cette technique date des années 1920. Le principe repose sur deux grilles fines : l'une sur le chemin de projection de la lumière et l'autre après réflexion sur la scène à observer. Plusieurs images de moiré sont calculées (par décalage de phase) afin d'extraire une information de profondeur mais des problèmes de détermination de la phase peuvent être rencontrés si la pente est trop importante. Une des études les plus citées concerne une application médicale découverte par Takasaki [24] et visant à déterminer la déviation dorsale des patients pour détecter la scoliose. Harding et Bieman [25] proposent une comparaison des techniques utilisant le moiré et de leurs performances.

2.1.2.6 Shape from Shadows

La technique présentée dans ce paragraphe est une méthode d'extraction de formes *low cost* puisqu'elle utilise du matériel très simple : un éclairage diffus et une caméra. La précision n'est pas optimale mais les résultats sont satisfaisants pour des applications de visualisation. Il s'agit d'une variante du principe de projection de lumière structurée parfois appelé « weak structured lighting ». La différence est qu'on balaye l'objet à numériser avec une ombre portée de forme connue, en déplaçant l'objet qui induit l'ombre ou bien en déplaçant directement la source de lumière. Bouguet présente une application originale de la technique en utilisant une lampe de bureau et un crayon déplacé manuellement au dessus de l'objet à numériser [26].

2.1.3 Synthèse

En 2009, Sansoni et al. [3] proposent un tableau comparatif des atouts et limitations de chacune des méthodes conventionnelles de numérisation 3D (voir tableau 2-1). D'une façon générale, les avantages communs aux systèmes sans contact sont nombreux : numérisation d'objets fragiles, déformables, dans des environnements hostiles, temps d'acquisition bon ; même si ces avantages sont parfois au détriment de la qualité de mesure.

Technologie	Forces	Faiblesses
Triangulation laser	Simplicité de mise en œuvre Performances peu influencées par la lumière ambiante Bonne densité d'acquisition	Sécurité liée au laser Volume de mesure limité Données manquantes (ombres et occlusions) Prix
Lumière Structurée	Acquisition dense Volume de mesure de taille moyenne Performances peu influencées par la lumière ambiante	Contraintes de sécurité (si source laser) Complexité du calcul Données manquantes (ombres et occlusions) Prix
Stéréovision	Simple et bon marché Bonne précision sur des cibles bien définies	Calculs coûteux Données éparses Limité aux scènes bien texturées Faible densité d'acquisition
Photogrammétrie	Simple et bon marché Bonne précision sur des cibles bien définies	Calculs coûteux Données éparses Limité aux scènes bien texturées Faible densité d'acquisition
Temps-de-Vol	Volume de mesure de moyen à large Bonne densité d'acquisition	Prix Précision inférieure à la triangulation (à faible distance de travail)
Interférométrie	Précision inférieure au micron pour des distances de travail micrométriques	Mesures limitées à des surfaces quasi-planes Prix Difficulté d'adaptation en environnement industriel
Moiré d'ombre	Simple et bon marché Portées faibles	Limité aux surfaces lisses
Shape from Focus	Simple et bon marché Détecteurs disponibles pour inspection de surface et microprofilométrie	Champs de vue limités Résolution spatiale non uniforme Performances affectées par la lumière ambiante (si passif)
Shape from Shadows	Bon marché Puissance de calcul requise faible	Faible précision
Shape from Texture	Simple et bon marché	Faible précision
Shape from Shading	Simple et bon marché	Faible précision

Tableau 2-1 – Comparaison des techniques optiques de mesures 3D [3]

Néanmoins, les auteurs notent que ces commentaires sont d'ordre général et dépendent fortement de l'application, ils mentionnent à ce titre que le dispositif de scanning doit être choisi en fonction des interactions avec la surface et de la nature de celle-ci (dimension, forme, texture, aspect réfléchissant,...).

2.1.4 Problématique liée aux surfaces spéculaires

Une analyse plus approfondie nous permet de mettre en évidence que les méthodes conventionnelles présentées ne sont pas opérationnelles sur les surfaces dites « optiquement non coopératives », c'est-à-dire les surfaces favorisant la transmission, réfraction, ou réflexion spéculaire de la lumière. Les systèmes utilisant la triangulation passive ne peuvent pas être applicables sur les surfaces spéculaires pour deux raisons principales : la dépendance avec l'éclairage environnant est grande (augmentée par la haute réflectivité de la surface), l'efficacité dépend de la présence de texture (très limitée sur des matériaux spéculaires polis). Du fait de leur mauvaise précision de mesure, certaines techniques de la catégorie « Shape from X » sont également à exclure car l'objectif n'est pas d'extraire une forme seulement à des fins de visualisation. En nous appuyant sur des résultats d'acquisition ainsi que sur les modèles de réflexion de la lumière, nous expliquons dans le paragraphe qui suit la difficulté d'utilisation d'une technique active sur des surfaces spéculaires.

2.1.4.1 Modèles de réflexion

Afin de décrire et de modéliser la réflexion optique sur une surface opaque, plusieurs modèles ont été proposés. Ces modèles ont permis de prévoir le comportement de la lumière et d'optimiser le choix des éclairages en Vision, que ce soit pour des applications d'inspection ou pour des mesures tridimensionnelles [27]. Deux modèles complémentaires, datant des années 1960, sont cités de façon récurrente dans la littérature :

- Le modèle de Beckmann-Spizzichino [28] : la théorie se base sur une approche physique, utilisant la lumière comme étant un phénomène électromagnétique. L'interaction entre l'onde lumineuse incidente et la surface est décrite à partir des équations de Maxwell. La résolution donne une expression complexe de la luminance d'une surface, exprimée en fonction de l'angle d'incidence, de l'angle de réflexion, ainsi que des paramètres de rugosité de la surface.

Chapitre 2 – Vision 3D et surfaces spéculaires

- Le modèle de Torrance-Sparrow [29] : il s'agit dans ce cas d'un modèle mathématique plus simple que le précédent, car il résulte des propriétés de l'optique géométrique. Le modèle intègre la loi de Lambert selon laquelle une surface suffisamment rugueuse réfléchit la lumière avec la même intensité pour toutes les directions. Du fait de certaines hypothèses fortes (la rugosité doit être supérieure à 1 µm), ce modèle peut difficilement s'appliquer aux surfaces lisses.

En 1989, Nayar et al. [30] proposent un modèle unifié permettant de décrire la réflexion induite par une surface quelle que soit sa rugosité. Le modèle intègre les caractéristiques physiques et géométriques des deux approches présentées ci-dessus. Comme l'indique la figure 2-9, la lumière réfléchie par une surface est alors la somme de trois composantes : un lobe diffus, un lobe spéculaire et un pic spéculaire.

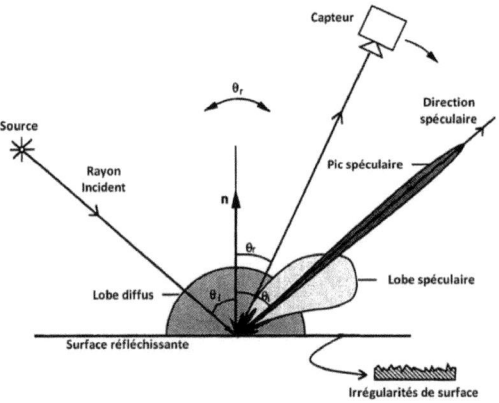

Figure 2-9 – Modèle de réflexion de Nayar

Ce modèle permet d'expliquer le lien entre la taille des irrégularités de surface et la réflexion de la lumière : plus la surface est lisse, plus le rayonnement réfléchi aura tendance à se concentrer dans la direction spéculaire, c'est-à-dire selon un angle à la normale égal à l'angle du rayonnement incident. Par conséquent, dans le cas d'un système actif, la mesure de l'intensité réfléchie par un capteur est très dépendante de la direction d'observation.

Afin de confirmer cette observation théorique, nous avons procédé à une expérience simple. Pour quantifier la taille des irrégularités de surface, nous utilisons le paramètre de rugosité *Ra* qui mesure l'écart moyen arithmétique des valeurs absolues des ordonnées *Z(x)* de la surface, selon la définition de la norme ISO 4288 :

$$Ra = \frac{1}{l}\int_0^l |Z(x)|dx.$$

Équation 2-2

avec *l* la longueur du profil de référence le long de l'axe des *x*.

A partir de cette caractérisation, deux surfaces en acier ont été choisies pour la mesure : une surface relativement diffuse (Ra=2,035 µm) et une surface spéculaire (Ra=0,18 µm). Afin de mettre en évidence le modèle de réflexion de Nayar, nous mesurons l'influence de la direction d'observation sur l'intensité réfléchie par la surface (figure 2-10). Pour ce faire, un laser visible à 670 nm illumine chacune des surfaces avec un angle d'incidence de 30° et une caméra CCD est en rotation avec un angle allant de -80° à +80° autour de la normale à la surface.

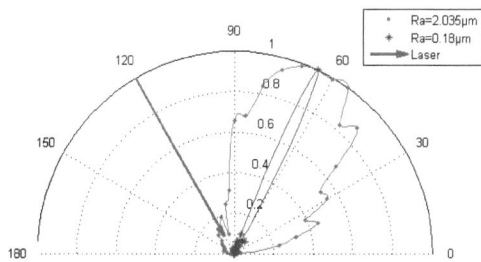

Figure 2-10 – Influence de la rugosité sur la direction de réflexion

Cette mesure met bien en évidence un pic spéculaire de quelques degrés d'ouverture pour la surface la plus lisse et un lobe plus large pour la surface plus diffuse. Selon Nayar, une surface est considérée comme optiquement lisse, c'est-à-dire d'aspect parfaitement spéculaire, lorsque le ratio entre la rugosité et la longueur d'onde λ respecte la condition suivante :

$$\frac{Ra}{\lambda} < 0{,}027.$$

Équation 2-3

Dans le cas de la surface à Ra=0.18 µm, cette condition est effectivement validée, ce qui explique la présence d'un pic spéculaire très étroit. Il ressort de cette expérience et du modèle de Nayar que la rugosité semble être une caractéristique assez pertinente pour quantifier l'aspect spéculaire d'une surface.

Une seconde limitation des scanners actifs sur les surfaces spéculaires est liée aux inter-réflexions à la surface de l'objet. Un même faisceau incident peut ainsi donner lieu à plusieurs points de réflexion si la surface est concave et ainsi générer une erreur de reconstruction si le point considéré n'est pas le point correspondant à la première réflexion. La figure 2-11 représente le cas particulier d'une inter-réflexion impliquant une erreur d'évaluation de la profondeur. En effet, le point A, éclairé par le faisceau de lumière est situé dans une zone qui n'est pas dans le champ de vue de la caméra, à la différence de la réflexion secondaire (point B). Par triangulation, le point dont la position est calculée par le scanner est à l'intersection entre la direction incidente et la direction estimée de réception, ce qui correspond à un point aberrant, qui n'appartient pas à la surface réelle.

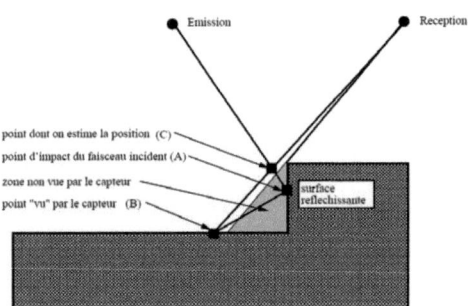

Figure 2-11 – Exemple d'erreur obtenue sur une surface réfléchissante [31]

2.1.4.2 Illustration de la problématique

Des essais de numérisation à partir de scanners commerciaux permettent très facilement de confirmer la problématique d'utilisation d'un système actif sur des surfaces spéculaires.

Le résultat de la figure 2-12 est obtenu à partir d'un scanner à triangulation laser (Konica Minolta VI910). Les données acquises appartiennent uniquement au fond diffus sur lequel est posée la pièce spéculaire.

Chapitre 2 – Vision 3D et surfaces spéculaires

Figure 2-12 – Numérisation d'un objet spéculaire par triangulation laser

La figure 2-13 illustre le fait que la qualité des résultats de numérisation 3D augmente avec l'aspect spéculaire. Cette fois-ci, le système utilisé est un scanner Steinbichler Comet 5 à projection de lumière structurée. Les trois surfaces présentées sont : un acier recouvert d'une poudre matifiante, un acier brut (légèrement oxydé) et un acier recouvert d'une fine couche spéculaire d'alumine. On constate effectivement que les surfaces dont la réflexion de type lobe et/ou pic spéculaire est suffisamment intense ((b) et (c)), ne donnent pas de résultats satisfaisants.

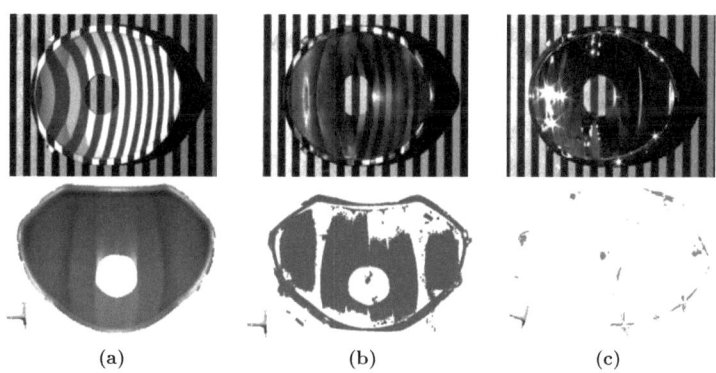

(a) (b) (c)

Figure 2-13 – Projection de franges et résultats de numérisation sur trois types de surfaces : surface poudrée (a), acier brut (b) et acier spéculaire (c)

Certains systèmes commerciaux récents [32] sont mieux adaptés pour scanner les « matériaux brillants et polis ». Des filtres ainsi qu'une gestion auto-adaptative de l'éclairage permettent d'améliorer la qualité des données sur ce type de surface. En revanche, le fonctionnement de ces scanners se base sur l'hypothèse que la réflexion ne se fait pas uniquement dans la direction spéculaire et qu'il est possible de faire l'acquisition des lobes diffus et/ou spéculaires (voir figure 2-9), même s'ils sont très peu intenses. Généralement, ces systèmes sont montés sur des bras poly-articulés et requièrent une manipulation par un opérateur. En effet, l'acquisition se fait grâce à plusieurs passages successifs sur les mêmes zones afin de trouver la direction optimale de scanning. De plus, la distance de travail doit être considérablement réduite et l'intensité du laser augmentée (risque oculaire accru sur des surfaces spéculaires).

2.2 Méthodes de numérisation 3D de surfaces spéculaires

Malgré les avancées technologiques en matière de numérisation 3D, des limitations persistent sur les surfaces optiquement non coopératives. En effet, les phénomènes de transmission ou de réflexion spéculaire vont à l'encontre des systèmes conventionnels d'acquisition 3D, qui s'appuient sur l'aspect diffus de la réflexion. Pour cette raison, des méthodes non conventionnelles (non comprises dans les catégories présentées dans la partie 2.1) sont proposées afin de traiter ces cas particuliers. Le moyen le plus simple et rapide pour contourner ce problème est le dépôt d'une couche de poudre matifiante (voir figure 2-13-(a)) qui permet de rendre la surface diffuse. Bach et al. [**33**] proposent plusieurs méthodes de traitement de surface permettant de rendre une surface optiquement coopérative pour un système de numérisation 3D par triangulation. Un dépôt de couche fine est réalisé à partir d'une technique électrochimique et l'efficacité du processus est démontrée grâce à deux mesures de rugosité (optique et tactile). Une adaptation du traitement suivant le matériau est nécessaire. Ces méthodes ne sont pas appropriées puisqu'elles ne peuvent pas assurer un contrôle précis (du fait de l'épaisseur de la couche), sans contact et en ligne. De plus, l'ajout et le retrait d'une poudre peut endommager la surface.

L'acquisition d'informations tridimensionnelles sur des surfaces spéculaires et transparentes présente un challenge commun pour les communautés *Computer Graphics* et *Computer Vision*. Ihrke et al. [**34**] présentent à ce sujet une revue et une classification des approches expérimentales proposées. Nous détaillerons dans la suite de cet état de l'art les principales méthodes qui s'accordent avec la problématique de numérisation des surfaces spéculaires.

2.2.1 Déflectométrie et « Shape from Distortion »

Pour l'œil humain, l'image perçue d'une surface spéculaire est la déformation de son environnement (voir illustration figure 2-14). La déflectométrie est basée sur cette constatation : si l'environnement projeté sur la surface à mesurer est connu et maîtrisé (dimensions des briques dans l'exemple ci-dessous), il est possible de remonter à la forme de la surface.

Figure 2-14 – Déformation de l'environnement sur une surface spéculaire

La méthode de déflectométrie permet avant tout de mesurer un champ de pentes. Plusieurs montages sont possibles [35] mais le plus couramment utilisé est illustré sur la figure 2-15. Du fait de la directivité de la réflexion spéculaire, il est nécessaire de projeter un motif de façon la plus diffuse possible. Pour ce faire, un large écran dépoli est utilisé, sur lequel on projette une mire composée de franges alternativement noires et blanches. Afin de faciliter l'extraction de la phase, il est préférable d'utiliser ce montage en projetant une mire sinusoïdale plutôt que d'utiliser une simple grille (motif binaire).

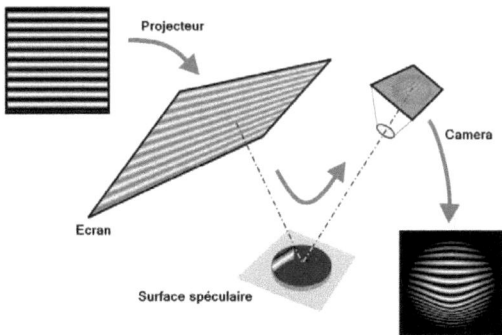

Figure 2-15 – Principe de la déflectométrie

Dans le cas où la surface est quasi-plane, l'intensité perçue par la caméra est indirectement modulée par les valeurs des pentes. En effet, si l'on considère une surface d'équation $z(x,y)$, les variations de phases $\Delta\phi_x$ et $\Delta\phi_y$ sont liées aux valeurs de pente selon :

$$\begin{cases} \Delta\phi_x = 4\pi\dfrac{f}{p}\dfrac{\partial z}{\partial x} \\ \Delta\phi_y = 4\pi\dfrac{f}{p}\dfrac{\partial z}{\partial y} \end{cases}$$

Équation 2-4

avec f la focale du système optique et p la distance interfrange (ou bien le pas de la grille).

Les franges obtenues sur le système imageur se rapprochent de ce que l'on obtient avec une technique interférométrique (voir paragraphe 2.1.2.4). Cependant l'avantage du système déflectométrique est double : il est insensible aux vibrations parasites et la sensibilité peut être réglée (en modifiant p) afin d'obtenir une plus grande profondeur de mesure, ce qui est impossible avec un système interférométrique car la distance interfrange dépend de la longueur d'onde.

Le système a été commercialisé, notamment par la société Visuol Technologies [36], et permet de proposer une solution de contrôle d'aspect de surfaces spéculaires. La mesure permet d'extraire directement un champ de pentes, voire une carte de courbure par dérivation, c'est pourquoi le système est bien adapté à la mesure de planéité (voir figure 2-16).

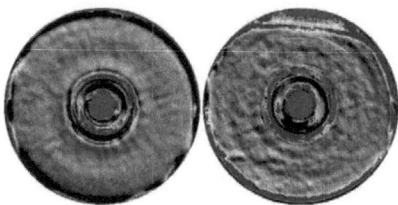

Figure 2-16 – Champs de courbures x et y sur un CD-ROM

Cependant, la direction d'incidence doit être proche de la normale afin de pouvoir intégrer les pentes et obtenir un nuage de points 3D. Afin de garantir cette configuration, la taille de l'équipement et notamment de l'écran de projection doit être considérablement augmentée : par exemple, le centre de transfert Holo3 [37] propose un équipement de 5m×5m×3m pour la numérisation de pare-brise de voiture. La reconstruction complète d'une surface présentant des variations de pente importantes peut également être faite à partir d'un système monté sur robot, mais cela implique un grand nombre de vues [**38**] et par conséquent une précision moindre.

Dans le cas où on souhaite obtenir les coordonnées 3D absolues, le calibrage n'est pas trivial et la reconstruction doit traiter une ambigüité entre la pente et la hauteur. En effet, un point du motif Q émet de façon diffuse et le pixel correspondant p dans l'image peut être obtenu par réflexion sur une infinité de surfaces P, avec des orientations différentes le long du rayon de projection (voir figure 2-17). Afin de résoudre ce problème, plusieurs méthodes sont proposées : utilisation de plusieurs positions de l'écran ou plusieurs points de vue [**39,40**] ; ajout d'une droite dans l'espace de mesure (matérialisée par un fil) [**41**].

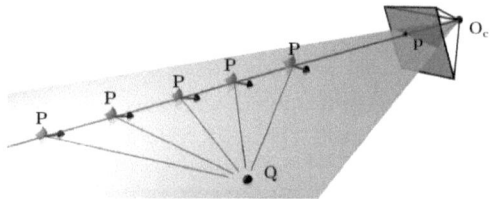

Figure 2-17 – **Ambigüité sur la reconstruction**

Tarini et al. [**42**] ont étudié une technique dérivée du principe de la déflectométrie qu'ils ont appelé « Shape from Distortion ». Un motif constitué de franges colorées est affiché sur un moniteur et observé par réflexion sur la pièce spéculaire. Le pattern est affiché quatre fois avec des orientations différentes (rotations de 45°). L'acquisition est basée sur une technique de *environment matting* [**43**] qui, associée aux paramètres intrinsèques et extrinsèques du système permet de calculer la relation entre la normale et la profondeur. Une profondeur arbitraire est choisie pour le premier point (estimée par une mesure d'auto-cohérence), sa normale est ensuite calculée et permet de déterminer la profondeur du pixel voisin en suivant la pente de la surface. Ce processus est exécuté itérativement par propagation le long de la surface et permet ainsi d'obtenir une reconstruction dense de la surface. Cette approche est généralement classée parmi les méthodes de reconstruction par intégration.

Chapitre 2 – Vision 3D et surfaces spéculaires

Dans l'objectif d'apporter une initialisation plus précise aux méthodes de reconstruction par intégration du champ de normales, Bonfort et al. [44] proposent un calibrage du système à partir de deux positions de l'écran qui affiche le motif. La pose relative entre ce plan et le système rigide caméra-objet est calculée. La position 3D d'un point de la surface représenté par un pixel peut être calculée seulement si sa mise en correspondance est faite avec les deux positions de l'écran. Cette contrainte peut entraîner un manque de données là où la surface est trop courbée. Une détection subpixellique est nécessaire et permet d'obtenir un nuage de points dense sur les surfaces spéculaires : 520 000 points obtenus sur l'exemple de la figure 2-18. L'avantage de cette technique par rapport au « Shape from Distortion » proposé par Tarini est qu'aucune hypothèse n'est faite sur la continuité de la forme, chaque point reconstruit est indépendant.

En revanche, ces solutions souffrent des mêmes inconvénients que la déflectométrie, à savoir que la reconstruction n'est efficace que pour des pièces peu incurvées et parfaitement spéculaires : sur l'exemple ci-dessous, la partie manquante sur le rétroviseur circulaire correspond à une partie diffuse.

 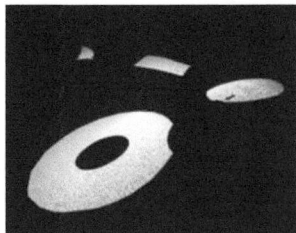

Figure 2-18 – Déformation du motif et nuage de points 3D correspondant

2.2.2 Shape from Polarization

Le premier à avoir introduit la notion de « Shape from Polarization » est Wolff en 1991 [45]. Le principe d'utilisation de la polarimétrie en vision active est qu'une onde lumineuse non polarisée devient en partie linéairement polarisée après réflexion sur une surface. Wolff démontre qu'en se basant sur l'étude de l'état de polarisation de la lumière réfléchie, il est possible d'extraire la normale à la surface à partir d'un système binoculaire. Il est ensuite possible, par intégration du champ de normales, de calculer la forme tridimensionnelle de la surface. La faisabilité a été démontrée sur des surfaces quasiment planes puis la méthode a été étendue à

Chapitre 2 – Vision 3D et surfaces spéculaires

des surfaces plus complexes à partir de l'acquisition selon deux vues [46], trois vues [47], ou bien en introduisant une rotation connue de l'objet [48]. L'ensemble de ces techniques a permis de lever certaines ambigüités sur la détermination des angles de polarisation afin de reconstruire en 3D des surfaces diélectriques transparentes. Par la suite, des travaux ont porté sur l'extension de cette méthode aux surfaces métalliques spéculaires. Morel [49] met en œuvre un système de reconstruction 3D basé sur une caméra polarimétrique ainsi qu'un éclairage sectoriel. L'objectif de ce type d'éclairage (quadrants allumés séquentiellement) est d'aider à la segmentation de l'image de polarisation afin de favoriser son interprétation pour le calcul des normales. La précision du système a permis de mettre en évidence des défauts de forme de l'ordre de 10 µm. Néanmoins, l'application de cette méthode reste contrainte par l'influence de l'éclairage ambiant ; de plus, le dôme d'éclairage utilisé restreint la taille des objets à numériser (figure 2-19).

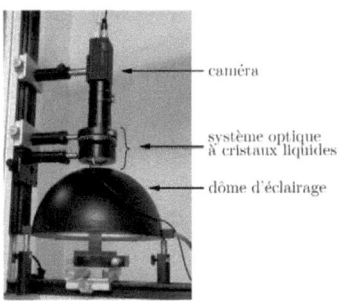

Figure 2-19 – Prototype de numérisation de surfaces spéculaires par imagerie polarimétrique [49]

2.2.3 Multipeak range imaging

Park et Kak ([50] puis [51]) présentent une nouvelle technique d'acquisition 3D de surfaces réfléchissantes par un système actif conventionnel à projection de ligne laser. L'approche appelée « multipeak range imaging » permet de traiter le problème des inter-réflexions sur des pièces spéculaires. Contrairement aux systèmes classiques de triangulation active où pour chaque point projeté, un seul pic est mesuré (souvent le plus intense), Park et Kak proposent de mesurer tous les points candidats et ensuite de supprimer itérativement les points faux. Une série de filtres est proposée pour cette suppression. Le « local smoothness test » considère qu'un point donné doit appartenir au même plan que ces voisins, le « isolated region test » supprime les points isolés de la surface et le « global consistency test » permet de fusionner intelligemment les données issues d'une même portion de surface mais de points de vue différents, donc de supprimer des points faux.

Un résultat expérimental est présenté sur la figure 2-20 : il est obtenu sur une surface en céramique vernie. Le premier résultat correspond aux données initiales issues de 18 vues, le second montre les données suite à la convergence des tests locaux et le dernier après application des tests globaux. La robustesse de l'algorithme n'a pas été testée sur des objets parfaitement spéculaires mais seulement sur des surfaces présentant des zones spéculaires localisées. Le principal inconvénient de la technique est que l'acquisition requiert un nombre de vues important afin de contraindre les filtres et, par conséquent, le coût de l'algorithme est important. Les perspectives de ce travail sont l'extension aux matériaux translucides ou très absorbants.

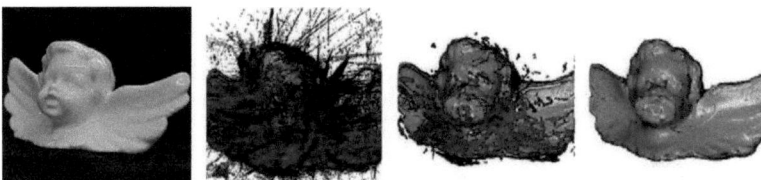

Figure 2-20 – Reconstruction 3D d'une pièce en céramique par suppressions itératives des points faux

2.2.4 Méthodes basées sur le mouvement

Le principe de base des techniques de cette famille repose sur le suivi des reflets spéculaires lorsque le capteur est en mouvement. La relation entre le déplacement des reflets et le mouvement de la caméra a été étudiée par Zisserman et al. [52]. Par la suite, Zheng et Murata [53,54] ont présenté une technique d'acquisition basée sur la rotation d'un objet sur lui-même et le suivi des réflexions spéculaires générées par deux éclairages annulaires. La caméra reste fixe et les sources de lumières entourent l'objet de telle sorte que les reflets soient toujours visibles quelle que soit l'orientation de la surface. De nouveau, les auteurs notent que la précision de la mesure dépend fortement du caractère spéculaire de la surface.

A l'instar du calcul du flot optique pour les surfaces diffuses, Roth et Black [**55**] ont introduit la méthode du « Shape from specular flow ». Dans leurs premières expérimentations, la surface de travail est composée de zones texturées diffuses et de zones spéculaires. A partir du seul mouvement de la caméra, les auteurs ont formalisé l'évolution du flot diffus et du flot spéculaire afin d'extraire la géométrie 3D d'un objet. Adato et al. ont récemment approfondi la méthode [**56**] et proposent une modélisation mathématique pour la reconstruction de surfaces spéculaires à partir d'un environnement inconnu, en mouvement non contrôlé [**57**]. La méthode semble robuste et peu sensible au bruit mais la précision n'a pas été évaluée sur des données réelles et, par ailleurs, la simulation intègre certaines hypothèses fortes comme l'absence d'inter-réflexions.

2.2.5 Synthèse

La problématique liée à la numérisation de surfaces spéculaires a été très étudiée depuis une vingtaine d'années. Les approches les plus « classiques » ont été présentées précédemment. Mais l'on trouve dans la littérature de nombreux travaux ayant trait à la reconstruction 3D de surfaces poli-miroir. Sanderson et al. [**58**] ont développé un système actif composé de 127 sources ponctuelles allumées séquentiellement et d'une ou deux caméras calculant l'orientation des normales. Une évaluation expérimentale du système stéréoscopique (« Structured Highlight Stereo ») a été proposée récemment par Graves [**59**] et a permis de mesurer les limitations en performance d'un tel système. Bhat et Nayar [**60**] ont développé un modèle mathématique pour la mise en correspondance de points à partir d'un système passif à deux ou trois caméras observant une scène spéculaire. Il est montré que ce modèle est fonction de la rugosité de la surface et qu'une limite basse doit être imposée (les surfaces parfaitement spéculaires sont exclues). Récemment, Gupta et al. [**61,62**] améliorent le codage d'une lumière structurée en utilisant de simples outils de logique combinatoire. L'objectif est de gérer des effets indésirables lors de la numérisation de surfaces non coopératives telles que les inter-réflexions, la diffusion et le flou. Un ensemble de filtres similaires à ceux utilisés dans la technique « multipeak range imaging » [**51**] est ensuite appliqué pour supprimer les erreurs restantes.

Quelle que soit l'approche mise en œuvre, on remarque que l'éclairage de l'objet est toujours rigoureusement contrôlé. De plus, le calcul des coordonnées 3D se limite souvent à des pièces de petites dimensions (encombrement limité par

Chapitre 2 – Vision 3D et surfaces spéculaires

l'éclairage) et/ou présentant des courbures faibles. Enfin, toutes ces techniques se basent généralement sur la propriété de spécularité de l'objet. De ce fait, elles sont inadaptées à d'autres types de surface, ce qui en limite le champ d'application.

Il peut être noté que toutes les techniques présentées se basent sur l'acquisition du rayonnement visible réfléchi par la surface à mesurer. Afin d'élargir cet état de l'art, nous nous intéressons dans la partie suivante aux techniques non conventionnelles basées sur des sources de lumière non visible. Cette description permettra d'introduire les approches basées sur l'émission de la surface et notamment le « Scanning from Heating ».

2.3 Le rayonnement non visible pour la numérisation 3D

Comme on peut le remarquer, les systèmes de numérisation 3D que nous venons de citer, opèrent généralement dans le domaine du visible, c'est-à-dire avec un système d'imagerie (source(s) de lumière et caméra(s)) opérant dans une bande spectrale allant de 380 nm à 780 nm.

Il est intéressant de noter que les propriétés optiques des matériaux varient en fonction de la longueur d'onde. A titre d'exemple, figure 2-21, les deux images représentent la même scène acquise par une caméra visible (à gauche) ou infrarouge [8-13] µm (à droite). Un film en polyuréthane est quasiment opaque au rayonnement visible mais apparaît transparent dans le domaine infrarouge. Le comportement est inverse pour une plaque de verre. Cette remarque illustre la spécificité d'une mesure par Vision hors du spectre visible.

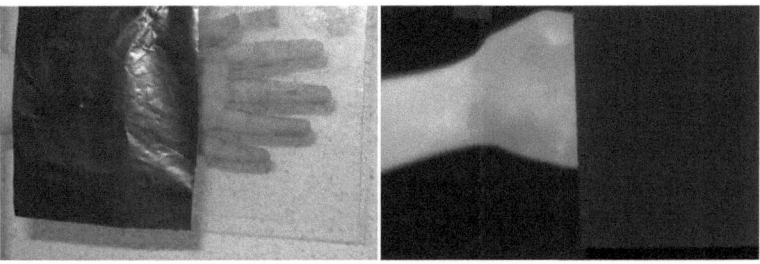

Figure 2-21 – Scène acquise dans la bande visible et infrarouge

Si on se reporte à la classification proposée sur la figure 2-1, plusieurs sous-catégories existent pour les techniques utilisant le rayonnement non visible à des fins d'acquisition 3D. Lorsque les rayonnements sont suffisamment pénétrants dans la matière (les rayons X par exemple), il est possible de travailler par transmission et d'obtenir l'information de profondeur par sectionnement optique dans la matière, c'est le cas de la tomographie. Cette technique ne sera pas abordée dans ce paragraphe car il s'agit d'une technique intrusive, qui dépasse le champ d'application de la numérisation 3D. En revanche, nous détaillerons en deux rubriques distinctes les méthodes correspondant aux deux autres sous-catégories identifiées dans notre taxonomie : les méthodes basées sur la réflexion et les méthodes basées sur l'émission du rayonnement invisible. Cet état de l'art synthétique permettra notamment de situer la technique « Scanning from Heating » dans le domaine large du contrôle par imagerie infrarouge.

2.3.1 Méthodes basées sur la réflexion

2.3.1.1 Lumière structurée IR

L'exemple probablement le plus populaire des systèmes actifs utilisant une source infrarouge est le capteur Kinect© de Microsoft [63]. Il s'agit d'un système RGB-D, c'est-à-dire qu'il est équipé d'un capteur couleur CMOS et d'un capteur de profondeur (D pour Depth). L'information de profondeur est obtenue à partir d'un motif de lumière structurée infrarouge et d'une seconde caméra équipée d'un filtre passe-bande IR. Le système, initialement dédié au divertissement, a fait l'objet de nombreux travaux de recherche, dans des domaines d'application très variés comme le contrôle d'altitude en robotique aérienne [64], le tracking de mains humaines [65]. Avant l'avènement du capteur Kinect, des systèmes similaires à base de lumière structurée infrarouge avaient été étudiés pour des applications où l'éblouissement provoqué par la lumière visible peut être un problème : numérisation de visage [66], détection de posture dans l'habitacle d'un véhicule pour le déclenchement d'airbag [67].

2.3.1.2 Systèmes multi-caméras

Un système stéréoscopique infrarouge a récemment été breveté par Google [68] à propos de la numérisation automatique de livres. L'idée est d'extraire la forme tridimensionnelle du livre ouvert (voir figure 2-22) à partir de deux caméras et d'un motif infrarouge projeté. La numérisation du texte est ensuite effectuée et l'information 3D est utilisée pour corriger la déformation du texte et ainsi

Chapitre 2 – Vision 3D et surfaces spéculaires

optimiser la reconnaissance de caractères. L'extraction de la forme a ici pour seul objectif de corriger les effets indésirables dus à la non planéité de la surface.

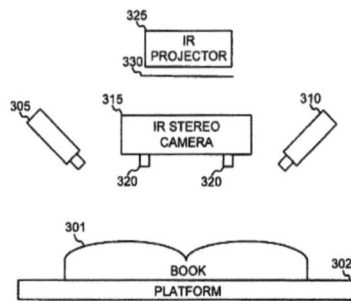

Figure 2-22 – **Illustration du système de numérisation de livres par imagerie infrarouge** [68]

Pour des applications de contrôle non destructif, Prakash et al. [69] proposent une solution simple afin de disposer à la fois d'informations spatiales et thermiques : la reconstruction 3D est effectuée grâce à un système de stéréovision dans le visible puis la température issue d'une caméra infrarouge est appliquée sur la surface reconstruite. Cette méthode implique une architecture coûteuse et pose des problèmes de calibrage croisé pour la fusion des données visibles et infrarouges. Pour résoudre ce problème, Yang et al. [70] proposent récemment d'ajouter un projecteur LCD au système tri-caméras pour aider au calibrage, la température réelle étant calibrée à partir d'une source de chaleur connue. L'efficacité de la méthode de calibrage est démontrée mais le système reste complexe à mettre en œuvre.

Orteu et al. [71] présentent quant à eux, une méthode pour combiner la mesure de température, de forme 3D et de déplacement (mesure transitoire). Le système est seulement composé de deux caméras proche IR. L'inconvénient est que la mesure de température avec ce type de caméra n'est possible qu'à partir de 300°C. Après calibrage radiométrique (à partir d'un corps noir) et géométrique (à partir d'une mire constituée de disques), un mouchetis est projeté par un vidéoprojecteur sur la pièce métallique pour faciliter la mise en correspondance des images à partir du système stéréoscopique. Seule la température apparente est mesurée. Une mesure de la température effective est complexe à haute température à cause notamment des variations d'émissivité en fonction de

31

l'oxydation de la surface et de la direction d'observation. La précision de la reconstruction 3D est d'ailleurs impactée pour ces raisons. Cependant, le système présente de nombreux avantages, notamment en ce qui concerne la simplicité de mise en œuvre et le coût. A une autre échelle mais également pour des pièces portées à haute température, un système de mesure a été développé par l'entreprise japonaise Kobe Steel [72] pour évaluer le diamètre et la longueur d'une virole en cours de forgeage, avec une distance de travail de 20m.

Pour toutes ces approches, le dispositif d'imagerie 3D mesure la lumière réfléchie dans le visible ou dans le proche infrarouge, cela implique que les limitations restent les mêmes que celles des scanners conventionnels sur les surfaces non coopératives.

2.3.1.3 Triangulation multispectrale

Osorio et al. [73] ont tout récemment décrit une technique de modification d'un scanner commercial à triangulation active pour la numérisation de surfaces spéculaires et transparentes. L'idée est de remplacer la source de lumière blanche d'un scanner Minolta Vivid i9 par : une source UV-A pour traiter le cas des surfaces spéculaires ou une source IR pour les surfaces transparentes. Les auteurs font en effet l'hypothèse que la composante spéculaire de la réflexion est réduite lorsque la longueur d'onde incidente appartient à la bande ultraviolette et que le rayonnement infrarouge augmente la réflectivité du verre, favorisant dans les deux cas l'acquisition 3D. Le principal inconvénient de la méthode est que l'éclairage ambiant doit être contrôlé : les acquisitions ont été réalisées dans une chambre noire. Par ailleurs, le caractère spéculaire des objets choisis pour l'expérimentation est discutable. En revanche, ce système démontre une nouvelle fois qu'il est possible de numériser des surfaces optiquement non coopératives grâce à une approche multispectrale, en combinant trois longueurs d'onde.

2.3.1.4 Imagerie polarimétrique

Les surfaces transparentes et spéculaires posent des problématiques communes à un système optique de mesure tridimensionnelle (réflexion non diffuse). C'est pourquoi des travaux interprétant l'imagerie polarimétrique ont été menés à la fois sur les surfaces spéculaires mais aussi sur les surfaces réfringentes, notamment sur le verre.

Les contributions de Miyazaki ont été nombreuses pour l'imagerie polarimétrique (voir paragraphe 2.2.2). Il a montré notamment que, en chauffant une surface diélectrique, la mesure d'un paramètre de polarisation (angle zénithal) à partir d'une caméra infrarouge peut se faire sans ambigüité et ainsi, faciliter la reconstruction 3D [74]. Les images acquises dans l'IR sont alors mises en correspondance avec les images obtenues par une caméra visible pour parvenir à la reconstruction. En se basant sur ce principe, des travaux ont permis d'aboutir à une mise en œuvre plus simplifiée de la méthode [75] : une caméra IR (suppression de la lentille télécentrique prévue dans le montage initial et de la caméra visible) et un éclairage sectoriel type dôme. Afin de lever cette même ambigüité sur la détermination de l'angle zénithal, Ferraton [76] a proposé une technique multispectrale à partir d'un éclairage à trois longueurs d'onde distinctes. Ces méthodes mettent en évidence que la simple analyse du spectre visible ne suffit pas à l'exploitation correcte des images polarimétriques pour l'acquisition 3D de surfaces non coopératives.

2.3.2 Méthodes basées sur l'émission

L'ensemble des méthodes présentées précédemment reposent sur la mesure de l'intensité du rayonnement réfléchi. Or, que ce soit pour les surfaces transparentes ou spéculaires, nous avons vu que le rayonnement réfléchi est fortement perturbé : direction privilégiée et/ou perte d'intensité au profit de la transmission.

Cependant, un bilan radiométrique simple permet de mettre en évidence que la luminance reçue au niveau d'un pixel de la caméra est la somme de trois composantes : un rayonnement réfléchi sur la surface (c'est généralement celui qui est exploité pour une reconstruction 3D), un rayonnement transmis à travers le matériau (on le considère nul dans le cas d'une surface opaque) et le rayonnement émis par le matériau lui-même. Si l'on se réfère à la loi de Planck, ce dernier est trop faible pour être perçu dans le domaine visible (sauf à très haute température). Par contre, son intensité est suffisamment significative pour être mesurée dans le domaine infrarouge.

Nous avons baptisé « Méthodes basées sur l'émission » (voir figure 2-1), les approches permettant la reconstruction 3D à partir d'images du rayonnement émis par un objet. Comme pour les approches basées sur la réflexion, on distingue les approches passives, qui utilisent le rayonnement spontané de la surface, des approches actives qui se basent sur une excitation contrôlée du matériau.

2.3.2.1 Méthodes passives

Bien que la faible résolution et le manque de textures des images thermiques soient toujours une problématique pour l'étape de mise en correspondance [**77**], on trouve dans la littérature plusieurs travaux ayant porté sur l'extraction d'information tridimensionnelle à partir de plusieurs vues infrarouges. Un exemple courant d'application de la mesure par stéréovision infrarouge est la détection de piétons [**78**]. Cette approche a été implémentée sur un véhicule expérimental et a fait ses preuves en conditions réelles, en milieu urbain et rural. Un autre intérêt majeur de l'infrarouge pour cette application est bien entendu l'utilisation nocturne. L'efficacité d'un tel système reste cependant limitée à la localisation de formes et à l'estimation de distance.

A partir d'un système stéréoscopique infrarouge de faible résolution (164×128 pixels), il a été démontré récemment que la précision de la reconstruction 3D d'un objet simple pouvait être, au mieux, de l'ordre du centimètre [**79**].

2.3.2.2 Méthodes actives

L'imagerie infrarouge active est une technique développée depuis plusieurs années dans le domaine du contrôle non destructif. L'objectif est généralement de mettre en évidence un défaut interne à un matériau grâce à une excitation externe. Un système de thermographie infrarouge stimulée permet de mesurer la chaleur émise par la surface suite à cette excitation qui peut être de différentes natures : ultrasons, courants de Foucault, lampes halogènes, lampes flashs, etc. La cartographie de température obtenue est interprétée pour révéler des défauts de surface ou dans le volume.

2.3.2.2.1 Détection de défauts par thermographie active

Bodnar et Egée ont réalisé plusieurs travaux dans ce domaine, appelé aussi « radiométrie photothermique » [**80,81**]. L'objectif de ces investigations est de prouver qu'il est possible d'aller plus loin que la simple détection de défauts, c'est-à-dire de dimensionner des fissures dans des pièces métalliques. Une simulation théorique est réalisée au préalable pour modéliser et prévoir le comportement radiatif de fissures de largeur et profondeur variables. Une loi empirique, la formule de Casselton, est utilisée pour estimer l'émissivité spectrale $\varepsilon_{\lambda,crack}$ d'une fissure rectangulaire :

$$\varepsilon_{\lambda,crack} = \frac{\varepsilon_{\lambda,walls}}{\varepsilon_{\lambda,walls} + \frac{W}{2D+W}(1 - \varepsilon_{\lambda,walls})}$$

Équation 2-5

avec $\varepsilon_{\lambda,walls}$ l'émissivité spectrale des parois de l'échantillon, W la largeur et D la profondeur de la fissure. Les échantillons sont supposés avoir une émission lambertienne, les résultats théoriques sont obtenus par la méthode des éléments finis. Le système expérimental comprend un système de déflection laser qui permet de faire le balayage dans le sens perpendiculaire à la fissure (appelé « flying spot laser »), la caméra infrarouge et l'échantillon restent immobiles. Les résultats obtenus sont cohérents avec la théorie et permettent de classifier différentes fissures en taille. Un dimensionnement plus précis peut être obtenu grâce à un calcul de corrélation avec la théorie ou bien par comparaison avec une surface plane, selon la taille de la fissure. La méthode thermique utilisée est fiable pour évaluer la largeur des fissures (en incidence normale), la mesure de la profondeur n'est en revanche pas précise.

Une autre méthode couramment utilisée en contrôle par thermographie active est l'excitation par ultrasons, aussi appelée vibrothermographie. Le principe de fonctionnement ainsi que des résultats ont été présentés par Dillenz et al. [82] et Zweschper et al. [83]. Le fondement de la méthode repose sur le fait que des ondes thermiques sont générées par un défaut du fait de la fragilité mécanique apportée par celui-ci. C'est grâce à l'amortissement des ondes élastiques que les ultrasons sont convertis en chaleur. Le principal avantage de cette méthode par rapport à l'excitation optique (radiométrie photothermique par exemple) est que des défauts peuvent être repérés en profondeur, grâce à une modulation en fréquence. En effet, la profondeur de détection est inversement proportionnelle à la fréquence des ondes ultrasonores. Une mesure de phase est également possible afin d'éviter des problèmes de propagation non homogène de la chaleur, de variation d'émissivité, etc. Le principal problème de cette méthode est que les ondes sonores étant longitudinales, elles nécessitent un support de propagation autre que l'air. Cependant, des fréquences très hautes peuvent être utilisées pour compenser l'atténuation de l'air. A ce sujet, de récents travaux ont permis de faire évoluer cette technique de détection de défauts [84].

Même si les techniques de thermographie active cherchent à dimensionner des défauts surfaciques ou internes à la matière, Pelletier et Maldague [85] ont été parmi les premiers à considérer la thermographie pour réellement extraire l'information tridimensionnelle d'une surface. Avant même de prétendre à une mesure 3D, l'objectif applicatif de ces travaux était d'améliorer la détection de défauts par thermographie active. En effet, l'analyse des images thermiques est faussée si la surface n'est pas plane car l'émissivité varie avec la direction d'acquisition et l'échauffement n'est pas uniforme. L'intérêt de la méthode appelée « Shape from Heating » est d'extraire la forme (profondeur et orientation) afin de corriger les effets de la géométrie non plane des pièces sur les thermogrammes. Une caméra bolométrique est utilisée ainsi que six tubes fluorescents de 1200 W en guise de source thermique. Le thermogramme (graphe 3D de l'image avec la température en Z) est segmenté en différents patchs définis par les gradients de température, et pour chaque patch la normale est calculée. La profondeur relative est ensuite extraite pour chaque pixel. Des résultats expérimentaux sont présentés sur un cylindre idéal (en simulation) et un cylindre réel posés sur un fond plat. La technique a été étendue 10 ans plus tard sous le nom de « Shape from Amplitude » afin de traiter des formes plus complexes [86]. Cependant, la précision de la reconstruction 3D restant limitée, l'application de ces travaux est restée dans le domaine du contrôle non destructif.

2.3.2.2.2 Numérisation 3D

La plupart des techniques présentées ci-dessus ne sont généralement pas directement dédiées à des applications de mesure tridimensionnelle. L'objectif peut être de combiner des mesures de température à une information de forme, de détecter des défauts dans un matériau, d'éviter l'éblouissement dû à la lumière visible… Les deux techniques non conventionnelles présentées ci-dessous sont dédiées à la numérisation 3D, et ont été décrites conjointement par Mériaudeau et al. [87].

Les travaux de thèse menés par Rantoson ont abouti à la mise en œuvre d'une nouvelle technique de scanning dédiée aux objets transparents [88]. Le principe de base repose sur l'exploitation de la propriété de fluorescence des surfaces transparentes sous l'irradiation d'un laser UV. En effet, des mesures de spectres d'absorption ont permis de démontrer qu'un faisceau laser émettant dans l'ultra-violet est très bien absorbé par la plupart des matériaux transparents.

Chapitre 2 – Vision 3D et surfaces spéculaires

Après absorption de ces photons, le phénomène de fluorescence apparaît : la molécule se trouvant dans un état instable, son retour à l'état fondamental peut se faire selon un processus d'émission spontanée de photons de longueur d'onde plus grande, c'est-à-dire appartenant à la bande spectrale visible. Plusieurs systèmes ont été développés afin de calculer par triangulation le nuage de points 3D [**89**]. La robustesse de la méthode a été démontrée sur des verres (voir figure 2-23) ; néanmoins, certains paramètres de suivi de la tache de fluorescence en mouvement dans l'image sont estimés a priori (en fonction du spectre d'émission du matériau) et peuvent affecter la précision de la reconstruction. La faisabilité de la méthode sur d'autres matériaux comme les métaux est limitée par l'incapacité de certaines surfaces à générer de la fluorescence.

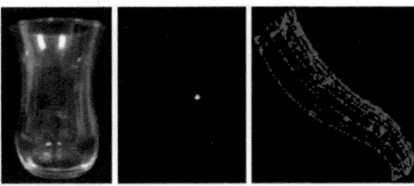

Figure 2-23 – **Numérisation d'une surface en verre par fluorescence induite : objet en verre, point de fluorescence acquis et nuage de points obtenu**

La technique du « Scanning from Heating », qui sera développée plus en détail dans ce mémoire, repose également sur un processus d'émission dépendant des propriétés physiques de la matière. A l'origine, cette méthode a été implémentée pour lever le verrou technologique lié à la numérisation 3D d'objets en verre [**90**]. Afin de s'affranchir des problèmes de transmission, un changement de longueur d'onde pour la lumière incidente est nécessaire. De même que pour l'UV, la plupart des verres présentent un pic d'absorption dans la bande spectrale infrarouge, c'est-à-dire que la surface apparaît opaque à ce type de rayonnement (au-delà de 10 µm). En revanche, l'observation du rayonnement réfléchi ne serait pas suffisante car une surface lisse aura tendance à induire des réflexions spéculaires. L'idée est donc d'échauffer localement la surface au moyen d'un laser approprié et de mesurer l'émission de rayonnement infrarouge due à cette élévation de température. En utilisant une caméra infrarouge calibrée géométriquement avec le système de projection, il est alors possible de calculer les coordonnées 3D de la zone échauffée à partir de la position du point correspondant dans l'image thermique (par triangulation).

La faisabilité de cette technique a été démontrée par Eren [**91**,**92**] sur les objets en verre (voir figure 2-24). Le système mis en œuvre utilise un laser à CO_2, émettant à 10,6 µm. Quelques résultats ont également mis en évidence qu'il était possible d'appliquer le même système à la numérisation d'autres matériaux transparents tels que le plastique.

 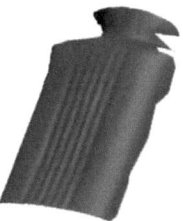

Figure 2-24 – Objet en verre numérisé par Scanning from Heating

2.3.3 Synthèse

Parmi l'ensemble des solutions qui ont été proposées pour la numérisation 3D de surfaces non coopératives au sens large, une minorité seulement se base sur l'émission de rayonnement de la surface. Pourtant, le problème principal venant de la réflexion (généralement, une surface transparente est aussi spéculaire), l'analyse de l'émission de la matière permet de s'affranchir du modèle de réflexion optique de la surface.

Le rayonnement émis par la surface est omnidirectionnel avec une intensité modulée par l'émissivité thermique du matériau (voir figure 2-25). Comme cela a été démontré dans les travaux de Eren et al. [**91**], cette propriété est particulièrement intéressante et son exploitation est l'une des clés de la technique du « Scanning from Heating » sur le verre. En effet, dans le cas des objets de type diélectrique, la configuration laser/rayonnement émis est proche du modèle de type laser/réflexion diffuse, idéale pour la numérisation 3D.

Cette propriété est valable pour les métaux, à surface spéculaire ou non, et cela est vérifiable expérimentalement par une approche similaire à celle utilisée pour le relevé effectué dans le visible (voir paragraphe 2.1.4.1). Un laser à diodes (émettant dans le proche infrarouge) échauffe ponctuellement une surface rugueuse puis une surface lisse et la distribution angulaire du rayonnement émis est mesurée (voir figure 2-26-(b)). Bien que l'émissivité du métal ne soit pas

Chapitre 2 – Vision 3D et surfaces spéculaires

uniforme et qu'elle soit plus faible que celle d'un diélectrique, le rayonnement émis reste omnidirectionnel, indépendamment de l'état de surface de la pièce.

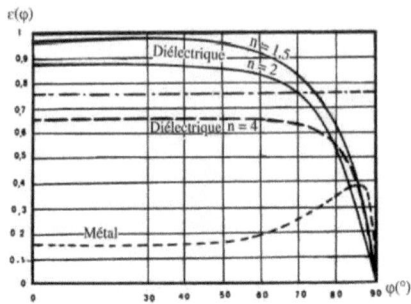

Figure 2-25 – Emissivité totale directionnelle des métaux et diélectriques [93]

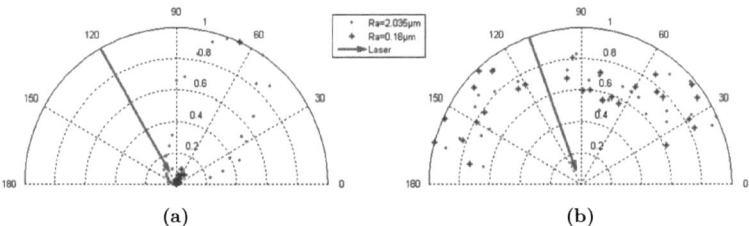

(a)   (b)

Figure 2-26 – Mesure de la réflectivité bidirectionnelle visible (a) et du rayonnement émis IR (b) en fonction de l'angle d'observation sur deux aciers de rugosités différentes

Ce résultat encourageant, laisse à penser que le « Scanning from Heating » peut être adapté aux objets métalliques à surface poli-miroir. Cependant, la problématique d'extension aux objets métalliques de cette technique initialement développée pour le verre, est liée aux propriétés physiques intrinsèques des matériaux. En effet, les échanges de chaleur se font différemment entre un matériau diélectrique et métallique :

- la diffusivité thermique, qui quantifie la vitesse de transfert du flux de chaleur au sein de la masse d'un matériau (par conduction) est beaucoup plus grande pour un métal : par exemple, sa valeur est de 117 m^2/s pour le cuivre contre 0,87 m^2/s pour un verre,

- du fait de la faible rugosité des surfaces spéculaires, la réflectivité reste grande quelle que soit la longueur d'onde utilisée. Autrement dit, le ratio entre l'énergie responsable de l'élévation de température et l'énergie incidente, c'est-à-dire l'absorptivité, est faible,
- comme l'indique la figure 2-25, l'émissivité de la surface n'est pas isotrope, c'est-à-dire qu'il peut y avoir des variations dans la mesure d'intensité en fonction de l'inclinaison de surface.

Néanmoins, l'enjeu de ce travail est grand. Au vu de l'état de l'art fait sur les systèmes de numérisation 3D, force est de constater qu'il n'existe pas de méthode unifiée pour traiter à la fois le cas des surfaces transparentes et des surfaces spéculaires. Le challenge est également de pouvoir régler la problématique de numérisation des surfaces spéculaires sans limitations de forme, de dimension, d'état de surface,...

La mise en œuvre de la technique « Scanning from Heating » pour notre application de mesure tridimensionnelle semble être une solution appropriée pour deux raisons principales : l'utilisation de la triangulation active apporte la précision nécessaire à une application métrologique sans contact et les propriétés radiatives dans l'infrarouge permettent de contrecarrer les problèmes de réflexion optique. Pour apporter les premiers éléments de réponse à cette problématique et mieux comprendre le phénomène physique mis en jeu, une modélisation théorique est proposée dans le chapitre suivant.

Chapitre 3 Modélisation théorique

Le processus « Scanning from Heating » (SfH) met en jeu des échanges thermiques entre un rayonnement incident, un matériau connu a priori, et son environnement (l'air). Ce chapitre va permettre de définir le cadre théorique utilisé pour décrire ces échanges ainsi que la modélisation numérique qui en découle. L'objectif principal est de définir les variables permettant d'optimiser le processus d'échauffement sachant qu'en priorité, il s'agit d'augmenter l'absorption de la radiation incidente et ainsi de limiter les pertes par réflexion, qui représentent la principale barrière au fonctionnement de la technique sur des matériaux spéculaires. La connaissance de ces variables d'ajustement doit permettre d'évaluer les risques d'apparition de phénomènes autres que l'interaction thermique et non désirables dans le cadre d'un contrôle non destructif : marquage, fusion, ablation,...

Nous présentons un modèle de simulation numérique utilisant la technique d'analyse par éléments finis afin d'obtenir une caractérisation théorique de la numérisation par SfH des matériaux métalliques au sens large. La difficulté de définir une solution unique pour tous les métaux réside dans le fait que les propriétés thermo-physiques peuvent varier de façon significative suivant la nature et la composition du métal considéré. La conductivité thermique par exemple vaut 26 $W.m^{-1}.K^{-1}$ pour un acier inoxydable contre 390 $W.m^{-1}.K^{-1}$ pour le cuivre. De plus, les différentes bases de données expérimentales que l'on peut trouver dans la littérature regroupent des valeurs pour des surfaces « idéales », ces valeurs ne tiennent pas compte de l'état de surface « réel » du matériau : oxydation, rugosité, présence d'impuretés. Le modèle numérique doit comporter des valeurs d'absorptivité qui tiennent compte de ces cas réels. Les résultats de simulation permettront ensuite de déterminer le dimensionnement du système ainsi que ses réglages pour un matériau donné.

3.1 Mise en équation du processus

Afin de mettre en équation le bilan énergétique global mis en jeu par le processus « Scanning from Heating », il est nécessaire de prendre en compte les trois modes de transferts thermiques qui coexistent suite à un apport externe de chaleur : la conduction, le rayonnement et la convection. La figure 3-1 apporte une illustration macroscopique du système que l'on souhaite modéliser. Le rayonnement incident du laser est en partie réfléchi, en partie absorbé. L'étude concerne les matériaux opaques, c'est-à-dire des matériaux dont l'épaisseur est telle qu'aucune fraction de rayonnement n'est transmise (voir paragraphe 3.2.1.2). La portion de rayonnement absorbée par la surface est responsable, du fait de l'agitation des particules, d'une élévation de température. La chaleur générée localement est transférée au sein du matériau par conduction, et à chaque interface solide/air par rayonnement et convection.

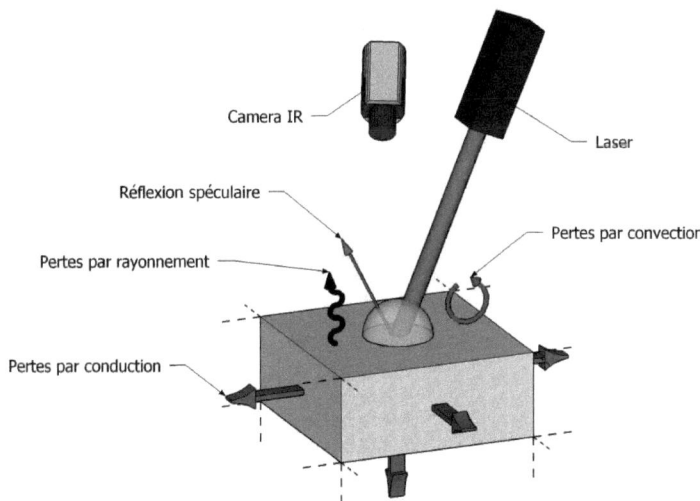

Figure 3-1 – Illustration des échanges thermiques à modéliser

La quantité de chaleur totale dQ_{tot} accumulée dans un élément de volume dV pendant un temps dt est la somme des énergies accumulées par chaque mode de transfert thermique (dQ_{cond}, dQ_r et dQ_{conv}) et de la quantité de chaleur absorbée à la surface de l'objet métallique, apportée par le laser (dQ_{laser}). Cette somme peut s'écrire :

$$dQ_{tot} = dQ_{cond} + dQ_r + dQ_{conv} + dQ_{laser}.$$

Équation 3-1

3.1.1 Conduction

Le phénomène de conduction thermique est un transfert de chaleur spontané par vibration atomique (dans un solide) et électronique (voir paragraphe 3.2.1.1), qui apparaît pour des objets en contact ou à l'intérieur d'un matériau. L'énergie cinétique est transférée depuis une molécule ou un atome à ses voisins. Une perte d'énergie à un point donné signifie que la température diminue en ce point. Selon la loi de Fourier [94], le flux de chaleur s'écoule d'un point à la température θ_1 vers un point à la température θ_2 si $\theta_1 > \theta_2$. L'expression de cette loi donne la relation de proportionnalité entre le gradient de température (l'effet) et l'écoulement de la chaleur (la cause) :

$$dQ = -kdt\overrightarrow{grad}\theta \overrightarrow{dS},$$

Équation 3-2

avec dQ le flux de chaleur traversant un élément de surface dS, θ la température initiale de la surface, et k la conductivité thermique du matériau considéré. Le signe moins apparaît car le gradient de température entraîne un écoulement de chaleur de la zone chaude vers la zone froide.

Comme l'indique la figure 3-2 pour un problème tridimensionnel, nous considérerons un volume élémentaire dV appartenant à la surface du matériau. L'hypothèse de départ est que le milieu est considéré comme semi-infini, c'est-à-dire que l'épaisseur n'est pas limitée et que le volume est suffisamment étendu pour négliger les effets de bords. Le bilan global de conduction dQ_{cond} pour le volume dV pendant un intervalle dt est la somme des contributions suivant chaque direction de l'espace :

$$dQ_{cond} = dQ_x + dQ_y + dQ_z,$$
$$avec : \begin{cases} dQ_x = dQ_{1x} - dQ_{2x}, \\ dQ_y = dQ_{1y} - dQ_{2y}, \\ dQ_z = dQ_{1z} - dQ_{2z}. \end{cases}$$

Équation 3-3

Ces contributions sont non nulles car le processus est considéré en régime variable : les températures étant variables dans le temps, la chaleur accumulée dQ_x pendant dt selon la direction $\vec{x}$ est la différence entre la chaleur entrante dQ_{1x} et la chaleur sortante dQ_{2x}, comme indiqué sur la figure 3-2.

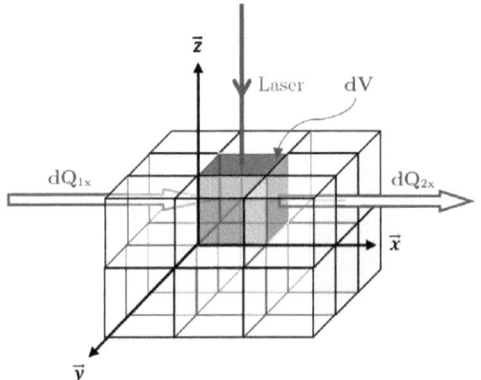

Figure 3-2 – Modélisation du problème de conduction

Dans cette direction, l'élément de surface considéré est perpendiculaire à la direction du flux dQ_x et vaut $dS_x = dy \times dz$. La température sur la face de sortie est la température initiale à laquelle on ajoute la variation de température suivant la direction $\vec{x}$, soit : $\theta = \left(\theta + \frac{\partial \theta}{\partial x} dx\right)$. Il vient alors :

$$\begin{cases} dQ_{1x} = -k \dfrac{\partial \theta}{\partial x} dy dz dt, \\ dQ_{2x} = -k \dfrac{\partial}{\partial x} \left(\theta + \dfrac{\partial \theta}{\partial x} dx\right) dy dz dt, \end{cases}$$

$$soit : dQ_x = dQ_{1x} - dQ_{2x} = k \frac{\partial^2 \theta}{\partial x^2} dx dy dz dt.$$

Équation 3-4

De la même façon selon la direction de propagation $\vec{y}$, l'élément de surface considéré est $dS_y = dx \times dz$ et la quantité de chaleur accumulée s'écrit :

$$dQ_y = k \frac{\partial^2 \theta}{\partial y^2} dx dy dz dt.$$

Équation 3-5

Le raisonnement est différent selon l'axe $\vec{z}$ puisqu'il n'existe pas d'échange de conduction avec l'air ambiant. En effet la conductivité thermique de l'air est négligeable devant celle d'un métal, le phénomène de convection entre alors en considération. Le flux sortant est donc nul et le flux entrant (arrivant sur la face *(Oxy)* et dirigé vers le haut) s'écrit de la même façon que précédemment. On obtient donc :

$$\begin{cases} dQ_{1z} = -k\dfrac{\partial \theta}{\partial z}dxdydt, \\ dQ_{2z} = 0, \end{cases}$$

$$soit: dQ_z = -k\dfrac{\partial \theta}{\partial z}dxdydt.$$

Équation 3-6

Selon l'équation 3-3, la quantité de chaleur totale accumulée par conduction dans l'élément *dV* est la somme des trois contributions et vaut alors :

$$dQ_{cond} = k\left(\dfrac{\partial^2 \theta}{\partial x^2} + \dfrac{\partial^2 \theta}{\partial y^2}\right)dVdt - k\dfrac{\partial \theta}{\partial z}dSdt,$$

$$avec: \begin{cases} dV = dxdydz, \\ dS = dxdy. \end{cases}$$

Équation 3-7

3.1.2 Rayonnement

Pour tout élément *dV* appartenant à la surface du matériau, le bilan énergétique se complète avec les pertes par rayonnement et par convection. Dans le cas du transfert de chaleur par rayonnement, il existe naturellement, pour tout corps, une transformation d'énergie interne en énergie radiative ; la surface émet un rayonnement électromagnétique dont l'intensité dépend de la température du corps. Le rayonnement de l'environnement vers la surface est négligeable, à température ambiante. En revanche, la quantité de flux émis par la surface opaque n'est pas négligeable, c'est d'ailleurs une partie de ce flux (portion spectrale et spatiale) qui sera mesurée par une caméra thermique. Au sens de la quantité de chaleur accumulée dans l'élément *dV*, il s'agit d'une perte de flux qui, d'après la loi de Stefan, se traduit par le terme négatif suivant :

$$dQ_r = -\sigma\varepsilon\theta^4 dSdt,$$

Équation 3-8

avec σ la constante de Stefan-Boltzmann (5,6703.10^8 W.m^{-2}.K^{-4}), ε l'émissivité de la surface considérée et θ sa température.

3.1.3 Convection

La convection est le troisième mode d'échange de chaleur. Ce phénomène apparaît lorsqu'un solide est en contact avec un fluide (l'air dans notre problématique). La différence de température entre l'air et la paroi du matériau entraîne l'écoulement d'une mince couche de ce fluide le long de la paroi. En première approximation, selon la loi de Newton, l'échange thermique par convection est proportionnel à la différence de température et à la surface :

$$dQ_{conv} = -h_{air}(\theta - \theta_{air})dSdt,$$

Équation 3-9

avec h_{air} le coefficient d'échange par convection de l'air. La valeur de ce coefficient dépend des matériaux en contact avec l'air, de l'état de surface et du type d'écoulement fluide. Dans le cas où aucune action extérieure ne favorise l'écoulement de l'air (pompe, ventilateur,...), la convection est dite « libre » et la valeur de ce coefficient pour l'air peut varier de 6 à 30 W/m².K.

3.1.4 Apport du laser

Généralement en physique des lasers, le profil d'intensité du champ électrique dans un plan perpendiculaire à la propagation de l'onde peut être décrit par une fonction gaussienne [95]. Dans l'écriture du bilan énergétique, le laser est vu comme une source externe de chaleur, véhiculant une énergie dont une partie dQ_{laser} sera convertie en quantité de chaleur. Il s'agit de la quantité réellement absorbée par l'élément de surface $dS=dx\times dy$ (énergie incidente – énergie réfléchie) pendant un intervalle de temps dt. Nous considérons pour la modélisation que le faisceau laser arrive sur la surface en incidence normale, dans la direction de l'axe $\vec{z}$ comme indiqué sur la figure 3-2. Il vient alors :

$$dQ_{laser} = \varphi_{abs}dSdt,$$

$$\varphi_{abs} = \alpha \frac{2P_{in}}{\pi r_0^2} e^{-2\left(\frac{x^2+y^2}{r_0^2}\right)},$$

Équation 3-10

où φ_{abs} représente la densité de puissance absorbée par la surface, α est l'absorptivité du matériau pour la longueur d'onde considérée, P_{in} est la puissance incidente du laser et r_0 le rayon du faisceau au plan d'incidence[1]. La modélisation est effectuée dans le cas où l'énergie apportée est maximale, c'est-à-dire lorsque la surface métallique se situe au plan focal du laser, aussi appelé *waist*.

3.1.5 Bilan énergétique global

La somme des contributions précédemment décrites donne la quantité de chaleur totale stockée dans l'élément dV (la variation de flux). Selon la relation fondamentale de la thermique, cette variation de flux est responsable d'une élévation de température que l'on peut écrire sous la forme suivante [96] :

$$dQ_{tot} = mC_p d\theta,$$

Équation 3-11

avec m la masse de l'objet considéré et C_p sa capacité calorifique massique à pression constante, c'est-à-dire la quantité d'énergie à apporter pour élever d'1 K la température d'1 kg du matériau. Si l'on considère le cas du volume dV échauffé pendant un temps dt, l'expression devient alors :

$$dQ_{tot} = \rho dV C_p \frac{\partial \theta}{\partial t} dt.$$

Équation 3-12

Si l'on développe les termes de l'équation 3-1 représentant le bilan énergétique global, il est alors possible, après simplification, d'écrire l'expression suivante :

---

[1] Dans une coupe transversale au faisceau gaussien, le rayon r_0 est la distance à l'axe optique pour laquelle l'intensité est multipliée par $1/e^2$ (par rapport à sa valeur maximale, prise au centre du profil).

$$\rho C_p \frac{\partial \theta}{\partial t} dz = k \left(\frac{\partial^2 \theta}{\partial x^2} + \frac{\partial^2 \theta}{\partial y^2} \right) dz - k \frac{\partial \theta}{\partial z} - \varepsilon \sigma \theta^4 - h_{air}(\theta - \theta_{air}) + \varphi_{abs}.$$

Équation 3-13

Notons que cette expression est valable seulement pour tout élément appartenant à la surface du matériau tel que représenté sur la figure 3-2. Pour le cas des éléments dans le volume (z<0), les pertes par rayonnement et convection sont supprimées (phénomènes de surfaces), l'énergie apportée par le laser φ_{abs} n'intervient plus directement et le flux de chaleur sortant selon l'axe $\vec{z}$ (dQ_{2z}) devient non nul. De plus, la quantité de chaleur accumulée par conduction devient uniforme selon les trois directions, soit :

$$dQ_{cond} = k \left(\frac{\partial^2 \theta}{\partial x^2} + \frac{\partial^2 \theta}{\partial y^2} + \frac{\partial^2 \theta}{\partial z^2} \right),$$

Équation 3-14

Après modification de l'équation 3-13 pour le cas des éléments du volume, nous obtenons l'équation suivante qui n'est autre que l'équation classique de diffusion de la chaleur :

$$\rho C_p \frac{\partial \theta}{\partial t} = k \nabla^2 \theta,$$

Équation 3-15

et on peut écrire simplement, en introduisant le coefficient de diffusivité thermique D :

$$\frac{\partial \theta}{\partial t} = D \nabla^2 \theta.$$

Équation 3-16

La modélisation du processus d'échauffement dans le cas volumique passe donc par la résolution de l'équation 3-13 et de l'équation 3-16. La principale variable d'ajustement dont nous disposons est comprise dans le terme φ_{abs}. En effet, les paramètres du laser (puissance, longueur d'onde, taille du faisceau,...) pourront être choisis de manière à optimiser l'apport de chaleur tout en garantissant un processus non destructif. Cependant, les propriétés thermophysiques et radiatives des matériaux métalliques ne sont pas fixes et peuvent influencer le réglage du système source/capteur thermique. L'absorptivité α de la

Chapitre 3 – Modélisation théorique

surface est par exemple fonction de la longueur d'onde d'irradiation, alors que l'émissivité ε dépend, entre autres, de la direction d'acquisition et peut être reliée à la conductivité thermique k... La compréhension de ces propriétés est essentielle pour la construction d'un modèle théorique cohérent.

3.2 Propriétés thermo-physiques et radiatives des métaux

3.2.1 L'absorption

L'élévation de température à la surface du matériau va être fortement dépendante de la capacité du matériau à absorber le rayonnement incident. La détermination de l'absorptivité (ou coefficient d'absorption) α est donc primordial. Les données fournies classiquement dans la littérature correspondent à des surfaces idéales et des métaux purs. Bien que l'état de surface réel (rugosité, oxydation, présence d'impuretés,...) ait une influence sur les propriétés physiques du matériau, les bases de données expérimentales fournissent, dans le cas des surfaces spéculaires, une bonne estimation des propriétés réelles. Nous montrons dans cette section, à partir des propriétés physiques des métaux, qu'il existe une relation entre l'absorptivité du matériau et la longueur d'onde du rayonnement qui va permettre de guider notre choix d'une source laser.

3.2.1.1 Théorie de Drude

Le comportement des constantes optiques des métaux s'explique généralement bien à partir du modèle de Drude [97]. La correspondance entre cette théorie classique et les données expérimentales a notamment été vérifiée par Ordal et al. [98] pour le cas des métaux purs dans l'infrarouge. Les auteurs proposent d'ailleurs une riche base de données de constantes en fonction de la longueur d'onde pour douze métaux courants. Plus récemment, Boyden et Zhang [99] estiment l'absorptivité spectrale de métaux purs ainsi que d'alliages à partir du modèle de Drude pour deux longueurs d'onde de l'infrarouge : 10,6 µm et 1,06 µm.

Un coefficient d'absorption théorique peut être déterminé en fonction de la température de la surface, des paramètres thermo-physiques du matériau et des propriétés optiques. Ces valeurs évoluent au cours de l'interaction laser-matière mais nous pouvons faire l'approximation dans notre cas que l'élévation de température est suffisamment faible au cours du temps pour négliger son effet sur ces propriétés. Autrement dit, nous considérons l'absorptivité constante dans le temps. Le modèle de Drude énonce que l'énergie électromagnétique est transmise dans le matériau par collisions entre les différents électrons et phonons du réseau cristallin. Cette théorie du mouvement des particules explique notamment pourquoi les métaux sont de très bons conducteurs. L'hypothèse de base du modèle de Drude est établie à partir de la théorie cinétique des gaz. En effet, dans un métal, les électrons de valence (faiblement liés au noyau) sont vus comme un « gaz électronique ». Un atome peut être représenté comme un ensemble d'ions se déplaçant peu autour d'une position d'équilibre (fixée par la structure cristalline de la matière) et d'électrons de conduction, libres de se déplacer dans le volume du métal.

Les électrons de conduction du métal sont considérés comme des oscillateurs, les collisions induisent le transfert de chaleur et peuvent être quantifiées par la fréquence de relaxation τ (ou fréquence de collision) :

$$\tau = \tau_{ep} + \tau_{ee} + \tau_{ei}.$$

Équation 3-17

où τ_{ep}, τ_{ee}, τ_{ei} correspondent respectivement aux fréquences de collisions électrons-phonons, électrons-électrons et électrons-impuretés. Il est alors possible de définir la constante diélectrique complexe du matériau sous la forme [100] :

$$avec : \begin{cases} \tilde{\epsilon} = \epsilon_1 - j\, \epsilon_2, \\ \epsilon_1 = \epsilon_\infty + \dfrac{\omega_p^2}{(\omega^2 + \tau^2)}, \\ \epsilon_2 = \dfrac{\tau \omega_p^2}{\omega(\omega^2 + \tau^2)}, \end{cases}$$

Équation 3-18

où ω est la fréquence de l'onde laser (inverse de la longueur d'onde), ϵ_∞ la constante diélectrique aux hautes fréquences et ω_p la fréquence plasma donnée par :

$$\omega_p^2 = \frac{4\pi N e^2}{m}.$$

Équation 3-19

N est la densité des électrons de conduction, et *e* représente la charge de l'électron de masse effective *m*. Dans la littérature, les bases de données expérimentales fournissent généralement les valeurs des parties réelles et imaginaires des constantes diélectriques (ϵ_1 et ϵ_2) et les comparent aux valeurs théoriques calculées par le modèle de Drude. Le calcul de l'indice de réfraction du métal permettra ensuite d'obtenir l'absorptivité.

3.2.1.2 Indice de réfraction du métal

Les propriétés radiatives d'un corps peuvent être entièrement déterminées à partir de l'indice de réfraction. Pour le cas des métaux, celui-ci a une forme complexe $\tilde{n}$ et est directement lié à la constante diélectrique complexe par la relation : $\tilde{\epsilon} = \tilde{n}^2$, il vient alors :

$$\tilde{n} = n - jk,$$
$$avec : \begin{cases} n = \frac{1}{2}\left(\epsilon_1 + \sqrt{\epsilon_1^2 + \epsilon_2^2}\right), \\ k = \frac{1}{2}\left(-\epsilon_1 + \sqrt{\epsilon_1^2 + \epsilon_2^2}\right). \end{cases}$$

Équation 3-20

La partie imaginaire *k* de l'indice de réfraction est appelée indice d'extinction ou coefficient d'atténuation et est liée à l'absorption de la lumière dans le milieu. Ce coefficient est nul pour l'air et très faible pour les matériaux transparents (souvent négligé, c'est pourquoi l'indice de réfraction est réel pour les verres purs). En pratique, il est surtout utilisé en spectrophotométrie pour évaluer la capacité d'une substance chimique à absorber un rayonnement lumineux en fonction de sa concentration (selon la loi de Beer-Lambert). Le coefficient d'atténuation *k* est inversement proportionnel à la longueur de pénétration de l'onde dans le milieu. Pour le cas des matériaux opaques que nous considérons dans notre étude, la grande valeur de ce coefficient implique que la profondeur de pénétration est très faible. Pour les métaux, cette longueur est inférieure au nanomètre [**101**].

Cette remarque permet par ailleurs de définir ce qu'est un matériau opaque. Si l'épaisseur du matériau est supérieure à la profondeur de pénétration de l'onde, alors le matériau sera considéré comme opaque puisqu'aucun rayonnement ne sera transmis.

3.2.1.3 Détermination de l'absorptivité

Le principe de conservation indique que le flux incident arrivant sur une surface est en partie absorbé, en partie réfléchi et en partie transmis. Pour un matériau opaque (fraction de flux transmis nulle), cela conduit à :

$$\alpha + \rho = 1,$$

Équation 3-21

avec ρ la réflectivité monochromatique hémisphérique qui représente le rapport entre le flux réfléchi dans toutes les directions de l'espace et le flux incident. Avec cette écriture, l'absorptivité α est la fraction de flux incident absorbée, nombre sans unité compris entre 0 et 1.

Les relations de Fresnel donnent l'expression de la réflectivité en fonction de l'angle d'incidence et de l'indice de réfraction du matériau. Si on considère le cas d'une onde non polarisée se propageant dans l'air et arrivant sur un métal d'indice complexe $\tilde{n}=n\text{-}jk$ avec un angle d'incidence θ_i, la réflectivité s'écrit :

$$\rho = \frac{1}{2}\left(\left|\frac{\cos\theta_i - \tilde{n}\sqrt{1-\left(\frac{\sin\theta_i}{\tilde{n}}\right)^2}}{\cos\theta_i + \tilde{n}\sqrt{1-\left(\frac{\sin\theta_i}{\tilde{n}}\right)^2}}\right|^2 + \left|\frac{\sqrt{1-\left(\frac{\sin\theta_i}{\tilde{n}}\right)^2} - \tilde{n}\cos\theta_i}{\sqrt{1-\left(\frac{\sin\theta_i}{\tilde{n}}\right)^2} + \tilde{n}\cos\theta_i}\right|^2\right).$$

Équation 3-22

Cette expression peut s'écrire simplement dans le cas d'une incidence normale :

$$\rho = \frac{(n-1)^2 + k^2}{(n+1)^2 + k^2}.$$

Équation 3-23

Etant donné que $\alpha=1\text{-}\rho$ et selon les équations de Fresnel, l'absorptivité est donc seulement fonction de l'angle d'incidence et de l'indice de réfraction du matériau. De plus, nous avons montré que la partie réelle et la partie imaginaire de l'indice complexe (équation 3-20 et équation 3-18) dépendent toutes les deux de la longueur d'onde. Il existe donc une relation entre l'absorptivité et la longueur d'onde du rayonnement. Si certains rayonnements sont mieux absorbés par les métaux que d'autres, ils doivent conditionner le choix de la source laser pour optimiser le fonctionnement du processus d'échauffement.

3.2.1.4 Influence de la longueur d'onde

L'absorptivité peut varier de façon significative avec la longueur d'onde du rayonnement. La neige en est un exemple très illustratif : elle est assimilée à un corps noir pour le rayonnement infrarouge (α proche de 1), mais absorbe très peu le rayonnement visible (grande réflexion de la lumière du soleil).

Plusieurs ouvrages sont consacrés à compiler les constantes optiques des matériaux [102,103] évaluées pour différentes longueurs d'onde, et des bases de données en ligne sont continuellement actualisées à partir d'un principe communautaire [104]. Cette collection de données permet de vérifier les hypothèses de la théorie de Drude pour certains métaux. L'exemple de la figure 3-3 [99] permet de confronter les résultats obtenus par simulation depuis le modèle de Drude aux bases de données expérimentales données par Touloukian [102] et Wieting [105].

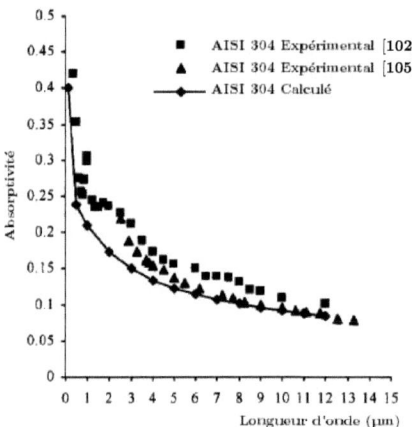

Figure 3-3 – Absorptivité spectrale de l'acier AISI 304

Les résultats montrent une bonne concordance entre les données théoriques et expérimentales pour le cas de l'acier AISI 304, acier inoxydable austénitique d'usage général dans l'industrie. Dans les deux cas, l'absorptivité a tendance à augmenter lorsque la longueur d'onde diminue. Karlsson et Ribbing [106] ont vérifié cette évolution sur des aciers de compositions très différentes. La figure 3-4 représente cette fois-ci l'évolution de la réflectivité en fonction de la longueur

Chapitre 3 – Modélisation théorique

d'onde pour trois aciers : un acier austénitique (832 MV), ferritique (393 M) et martensitique (393 HR). A partir de ces résultats, les auteurs notent qu'une grande variation dans la composition a peu d'effet sur la réflectivité. La tendance des aciers à réfléchir davantage les grandes longueurs d'onde semble se confirmer avec cette observation.

Pour l'ensemble des métaux, des mesures de réflectivité spectrale hémisphérique sont réalisées depuis plusieurs décennies, notamment à partir d'une sphère intégrante. Spisz et al. [**107**] détaille les mesures effectuées par cette méthode sur 12 métaux, pour des températures allant de 300 à 500 K. La méthode est basée sur la mesure de l'intensité réfléchie au cours de l'interaction laser avec l'échantillon, l'intérieur de la sphère étant recouvert d'une peinture blanche permettant d'obtenir un facteur de réflexion proche de 100%. La mesure d'absorption se fait alors indirectement. Comme l'indique la figure 3-5, l'absorptivité spectrale des métaux courants augmente lorsque la longueur d'onde du rayonnement incident diminue. Il apparaît donc clairement qu'un laser à CO_2 émettant à 10,6 µm (configuration choisie par Eren pour échauffer le verre [**91**]) ne peut pas convenir pour échauffer une surface métallique. En revanche, une source de la famille des lasers à semi-conducteurs (émission dans l'IR proche) offrirait une absorptivité suffisante. Le tungstène en est un exemple très démonstratif : il absorbe seulement 2% de l'énergie incidente à 10 µm contre 44% à 1 µm [**104**]. Ces constatations donnent un premier élément de réponse sur la source laser à utiliser pour notre application, bien que le choix définitif doive aussi se faire en tenant compte de la puissance requise par le processus.

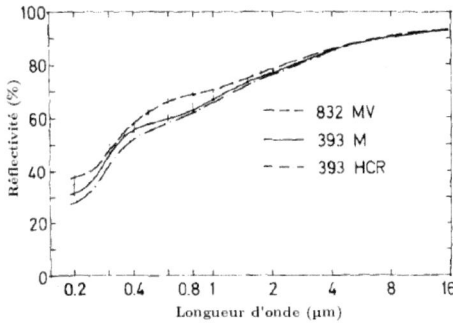

Figure 3-4 – **Réflectivité spectrale de trois aciers**

Chapitre 3 – Modélisation théorique

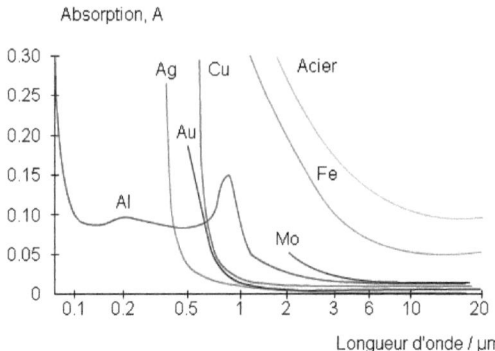

Figure 3-5 – Absorptivité spectrale pour plusieurs métaux

3.2.2 La mesure par rayonnement

Dans un solide porté à une température non nulle, des mouvements se transmettent entre les atomes. Lorsqu'un atome en mouvement interagit avec un atome immobile, l'élévation d'énergie générée aura tendance à entraîner un électron à se déplacer vers un niveau d'énergie plus élevé, instable. Lorsque l'électron revient au niveau orbital stable, l'atome émet de l'énergie sous forme de photon : il s'agit du rayonnement. La longueur d'onde du photon correspond au saut d'énergie occasionné, donc dépend indirectement de la température absolue du corps. La mesure de température par rayonnement est basée sur la détection du flux thermique émis par la surface et reçu par le capteur.

3.2.2.1 Modèle d'émission du corps noir

3.2.2.1.1 Définition

Le corps noir est l'élément essentiel permettant de définir les lois du rayonnement thermique. Il s'agit d'un corps idéal pour lequel $\alpha=1$, c'est-à-dire qu'il absorbe la totalité des radiations incidentes quelles que soient leur longueur d'onde et leur direction, sans réflexion ni transmission. Bien qu'aucune surface ne soit vraiment un corps noir, on peut s'en approcher à l'aide d'une entité creuse entourée d'une paroi opaque au sein de laquelle les radiations sont piégées (voir figure 3-6). Le corps noir est aussi un émetteur parfait, c'est-à-dire qu'il rayonne un maximum d'énergie à chaque température et pour chaque longueur d'onde. Autrement dit, l'énergie émise par le corps noir est supérieure à l'énergie émise par n'importe quelle autre surface portée à la même température. De plus,

55

l'émission du corps noir est lambertienne : son intensité est indépendante de la direction d'observation. Le corps noir sert donc de référence pour définir les propriétés émissives des autres surfaces.

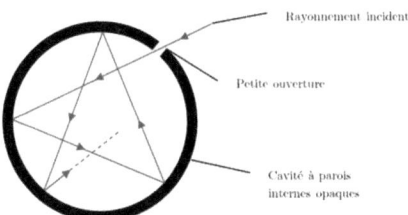

Figure 3-6 – Modèle du corps noir

3.2.2.1.2 Loi de Planck

La loi de Planck (équation 3-24) donne l'expression de la luminance énergétique spectrique pour un corps noir, c'est-à-dire l'intensité du flux émis par unité de surface, pour chaque longueur d'onde (exprimé en $W.m^{-2}.\mu m^{-1}$). Un corps noir émettant de façon isotrope, sa luminance ne dépend pas de la direction d'observation mais seulement de la longueur d'onde et de la température.

$$L_\lambda(\lambda, T) = \frac{c_1}{\lambda^5 \left[e^{\frac{c_2}{\lambda T}} - 1\right]},$$

où : $\begin{aligned} c_1 &= 2\pi hc^2 = 3{,}74 \times 10^8 W.m^{-2}.\mu m^4, \\ c_2 &= \frac{hc}{k} = 1{,}44 \times 10^4 \mu m.K, \end{aligned}$

Équation 3-24

avec : T la température en K, λ la longueur d'onde en μm, h la constante de Planck, k la constante de Boltzmann et c la vitesse de la lumière dans le vide.

Cette formule est valable pour un corps noir émettant dans l'air ou dans un milieu d'indice de réfraction proche de 1 (sinon la valeur de la célérité c doit être corrigée). La figure 3-7 représente, à partir de la relation de Planck, l'évolution de la luminance du corps noir en fonction de la longueur d'onde et de la température. Chacun des spectres est caractéristique d'une température du corps noir. On note que plus la température est élevée, plus l'émission se fera dans les courtes longueurs d'onde. La majeure partie du flux émis se situe en tout cas toujours dans la bande infrarouge, d'où l'association commune infrarouge-chaleur. La position spectrale du maximum d'émission est décrite par la loi de déplacement de Wien (trait discontinu sur la figure 3-7). Son expression est obtenue par dérivation de la loi de Planck et s'écrit sous forme approchée :

$$\lambda_{max} = \frac{2898}{T},$$

Équation 3-25

avec λ en μm et T en K.

Ce déplacement du maximum d'émission vers les courtes longueurs d'onde explique que lorsqu'on échauffe un métal (pour le forgeage par exemple), celui-ci émet d'abord dans l'infrarouge, puis commence à rougir avant de blanchir s'il est porté à très haute température.

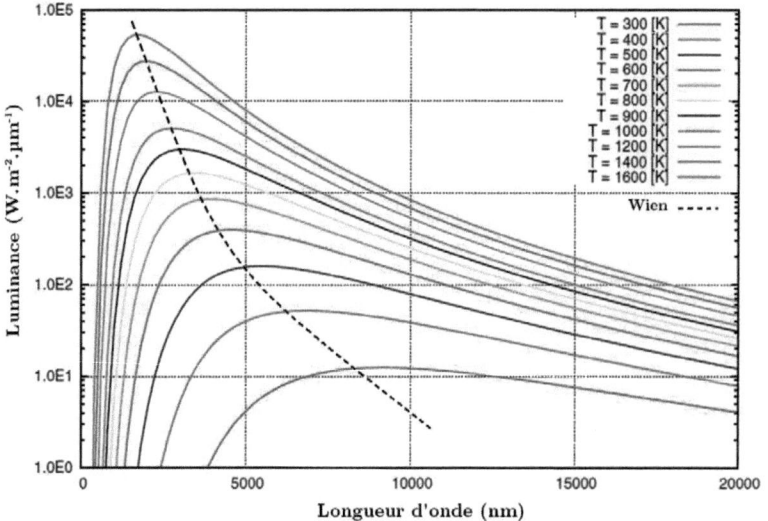

Figure 3-7 – **Loi de Planck : luminance spectrique du corps noir**

Par ailleurs, le flux total émis pour une bande spectrale donnée sera une fonction croissante de la température du corps noir, ce qui signifie que pour une bande passante donnée, un détecteur thermique mesurera un signal plus important lorsque la température augmente. Pour améliorer la sensibilité de la mesure, il est plus intéressant de travailler dans les courtes longueurs d'onde car la variation de flux émis pour deux températures proches sera plus significative que dans l'infrarouge lointain.

3.2.2.2 Emission des corps réels

3.2.2.2.1 Emissivité

Pour comprendre le comportement radiatif des corps réels, il est nécessaire d'introduire le terme d'émissivité ε (ou coefficient d'émission). L'émissivité est le ratio entre la quantité d'énergie réellement émise par un corps porté à une température donnée et la quantité d'énergie qu'émettrait un corps noir porté à la même température. Ce facteur est donc un nombre compris entre 0 et 1. Pour le cas d'un corps réel, l'émissivité varie avec plusieurs facteurs qui sont : la température, l'état de surface, la longueur d'onde et la direction d'observation. Ces deux derniers paramètres ont une influence particulière sur la valeur de l'émissivité pour le cas des métaux. Dans le modèle théorique mis en œuvre pour illustrer le SfH, nous considérerons en revanche que l'élévation de température pendant le processus est suffisamment faible pour négliger ses effets sur l'émissivité, de même pour l'état de surface puisque nous travaillons principalement sur des surfaces polies.

3.2.2.2.2 Influence de la longueur d'onde

La variation de l'émissivité avec la longueur d'onde permet de définir plusieurs types de surface avec des propriétés radiatives particulières. Comme défini dans le paragraphe 3.2.2.1.1, l'émissivité spectrale du corps noir est maximale et vaut 1 pour toutes les longueurs d'onde. Le corps gris est un corps pour lequel l'émissivité spectrale est constante quelle que soit la longueur d'onde. Cette hypothèse est souvent admise pour le cas des matériaux non métalliques et est très correcte pour les matériaux réfractaires. Pour le cas des autres corps réels et particulièrement pour les matériaux métalliques, il n'est pas raisonnable de faire cette approximation car l'émissivité varie de façon non négligeable avec la longueur d'onde, on parle dans ce cas de corps sélectif. La figure 3-8 représente la distribution spectrale de la luminance de ces différents corps pour une température fixe. L'allure de la courbe de Planck est conservée pour le corps gris (simple division par ε), ce qui n'est pas le cas pour un corps sélectif.

Dans le cas des matériaux métalliques pour la bande spectrale infrarouge, l'émissivité spectrale tend à augmenter si la longueur d'onde d'émission diminue.

Cette évolution est confirmée par l'approximation de Hagen-Rubens [101] pour les matériaux opaques. Cette relation traduit d'ailleurs assez bien le comportement radiatif des matériaux métalliques polis. L'émissivité spectrale normale peut s'exprimer de la façon suivante :

$$\varepsilon_{n\lambda} \cong \frac{2}{\sqrt{30\lambda\sigma}} - \frac{1}{15\lambda\sigma}$$

Équation 3-26

avec λ la longueur d'onde dans le vide (en cm) et σ la conductivité électrique (en $\Omega^{-1}.cm^{-1}$).

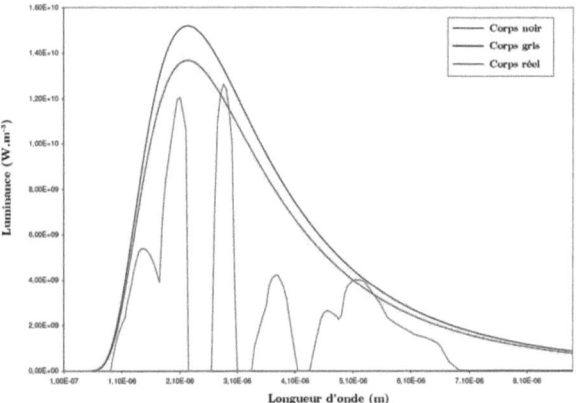

Figure 3-8 – Distribution spectrale de la luminance de différents corps à la même température

3.2.2.2.3 Influence de la direction d'observation

Nous avons noté au chapitre 2 (figure 2-25), que l'émissivité était omnidirectionnelle pour l'ensemble des solides, c'est-à-dire que sa valeur est non nulle quelle que soit la direction d'observation. Cependant, il existe des différences entre la distribution angulaire observée pour les diélectriques et celle des métaux. La valeur de l'émissivité directionnelle atteint généralement un maximum lorsqu'on s'approche de la direction tangente à la surface, alors qu'elle chute brutalement pour les diélectriques.

Comme l'illustre la figure 3-9, cette constatation pour les métaux est beaucoup plus significative pour les grandes longueurs d'onde [108]. Des indicatrices d'émission pour le titane pur ont été obtenues pour des radiations allant de 0,43 μm à 20 μm.

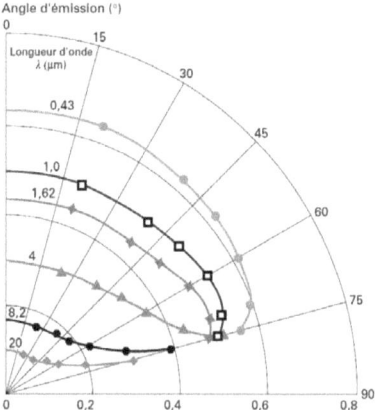

Figure 3-9 – **Emissivité directionnelle spectrale du titane pur**

Afin de mettre en évidence expérimentalement cette évolution, nous avons utilisé une caméra thermique sensible aux ondes longues [7,5-13] μm et mesuré, en niveaux de gris, l'intensité d'un point chaud sur une surface en acier poli. La direction d'acquisition varie de 20 à 80° par rapport à la normale à la surface. La zone de mesure est échauffée à une température suffisamment importante de sorte que la variation de réflectivité de la surface par rapport à la direction n'influence pas la mesure. Les conditions d'échauffement (puissance et durée d'échauffement) et les conditions d'acquisition (temps d'intégration) restent identiques pour chaque mesure. Les résultats sont reportés sur la figure 3-10.

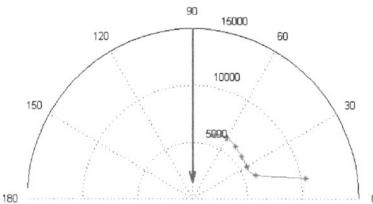

Figure 3-10 – **Mesures d'intensité rayonnée dans la bande [7,5-13] μm par un acier poli en fonction de la direction d'observation**

60

Si on considère que la variation d'intensité mesurée est seulement due à une variation de rayonnement émis par la zone chaude, alors l'émissivité directionnelle serait égale à la valeur mesurée normalisée par la valeur d'intensité qu'émettrait un corps noir dans des conditions identiques d'acquisition. Cette simple relation de proportionnalité permet de confirmer les données fournies dans la littérature.

3.2.2.2.4 Loi de Kirchhoff

La description des propriétés radiatives d'un corps opaque passe par l'analyse du facteur d'absorption α et de l'émissivité ε. La loi de Kirchhoff [109] établit la relation d'égalité entre ces deux termes, sous certaines conditions. Pour un corps gris, les deux coefficients sont égaux : $\alpha=\varepsilon$. En d'autres termes, lorsqu'une surface grise absorbe par exemple 30% de l'énergie incidente, elle réémet simultanément 30% de l'énergie qu'aurait émis un corps noir à la même température. Pour les corps non gris, on peut montrer que l'absorptivité spectrale directionnelle est égale à l'émissivité spectrale directionnelle, l'égalité ne fonctionnant que pour une longueur d'onde λ et une direction θ données. Selon le principe de conservation de l'énergie énoncée par l'équation 3-21, il vient alors :

$$\alpha_{\theta,\lambda} = \varepsilon_{\theta,\lambda} = 1 - \rho_{\theta,\lambda}$$

Équation 3-27

Les conditions d'évolution de l'émissivité sont, de la même façon que l'absorptivité, liées aux constantes optiques des matériaux telles que décrites dans le paragraphe 3.2.1.1. En revanche, le format des données fournies dans la littérature diffère car les conditions de mesure directe de l'absorptivité ou de l'émissivité ne sont pas les mêmes. Les tables d'émissivité disponibles dans la littérature sont nombreuses [**93,110,111**]. Généralement, les valeurs sont données pour une température fixe et pour une bande spectrale donnée qui est fonction de la sensibilité du détecteur thermique utilisé. En effet, la méthode la plus classique de mesure consiste à comparer le rayonnement du corps à celui du corps noir dans les mêmes conditions, en incidence normale ou bien en intégrant pour toutes les directions [**112**]. En ce qui concerne l'absorptivité, les valeurs sont données usuellement pour une longueur d'onde fixe et une direction connue, la méthode de mesure par sphère intégrante permettant de définir ces paramètres précisément.

Chapitre 3 – Modélisation théorique

3.2.2.3 La mesure par capteur thermique

Le calcul de la température vraie de la surface d'un objet est conditionné par la connaissance de la valeur de l'émissivité spectrale directionnelle. En effet, le facteur d'émission affecte plus ou moins le rayonnement émis suivant que le corps est noir, gris ou quelconque. Pour une surface métallique polie, l'émissivité est faible, ce qui signifie que le rayonnement émis est atténué. Selon la loi de Kirchhoff, une faible valeur du facteur d'émission équivaut à une grande valeur de la réflectivité, il peut donc s'ajouter à la mesure un rayonnement parasite, provenant de la réflexion des rayonnements environnants. Ces problèmes s'ajoutent aux facteurs d'influence de l'émissivité évoqués précédemment (longueur d'onde, direction), et une mesure thermographique quantitative devient très complexe sur ce type de surface.

Dans le cas où le corps est quasiment noir, l'estimation de la température vraie est simplifiée car le rayonnement émis provient principalement de l'émission propre de la surface. De la même façon que dans le visible, une mesure thermique se fait typiquement par intégration d'un flux électromagnétique sur une bande spectrale donnée : ce calcul suit la loi de Stefan-Boltzmann pour le corps noir.

3.2.2.3.1 Loi de Stefan-Boltzmann

La luminance totale (parfois appelée émittance) s'obtient simplement par intégration de la courbe de Planck sur tout le spectre. La loi de Stefan-Boltzmann donne l'expression de la puissance émise par unité de surface de corps noir à la température T dans toutes les directions de l'espace selon l'équation suivante [96] :

$$L(T) = \int_0^\infty L_\lambda(\lambda, T) d\lambda = \sigma T^4,$$

Équation 3-28

où σ est la constante de Stefan égale à $5{,}67 \times 10^{-8}$ W.m^{-2}.K^{-4}.

Pour le cas idéal du corps noir, le résultat de l'intégrale est simple et vaut σT^4. Pour une surface réelle, la luminance totale est différente car le calcul doit tenir compte des variations de l'émissivité avec la longueur d'onde. Habituellement pour des applications de mesures de température, on considère que la surface est grise dans la bande spectrale de sensibilité de la caméra thermique de telle sorte

Chapitre 3 – Modélisation théorique

que l'émissivité soit considérée comme constante, la luminance totale (émission dans tout le demi-espace) vaut alors $\varepsilon\sigma T^4$. Il est ensuite plus aisé de remonter à l'information de température à partir de la seule mesure du flux reçu sur le détecteur. Le flux reçu par chaque cellule élémentaire du capteur est alors une portion spatiale de cette luminance totale, décrite par l'angle solide limité par l'élément de surface émettrice dS et intégré sur la surface de réception des radiations sur le détecteur.

3.2.2.3.2 Les instruments de mesure par thermographie

Deux grandes familles de détecteurs de rayonnement infrarouge coexistent : les détecteurs thermiques et les détecteurs photoniques. Les deux technologies sont différentes et, généralement, permettent de faire l'acquisition sur une des deux bandes spectrales de mesure IR : les ondes longues LW (Long-Wave) et les ondes moyennes MW (Mid-Wave). L'existence de ces deux bandes est justifiée par la fenêtre de transmission atmosphérique, intervalle spectral au sein duquel le facteur de transmission atmosphérique du rayonnement est suffisamment élevé pour qu'on puisse considérer l'atténuation comme négligeable. Ces intervalles sont identifiés sur la figure 3-11, ainsi que les bandes d'absorption des principaux constituants de l'atmosphère.

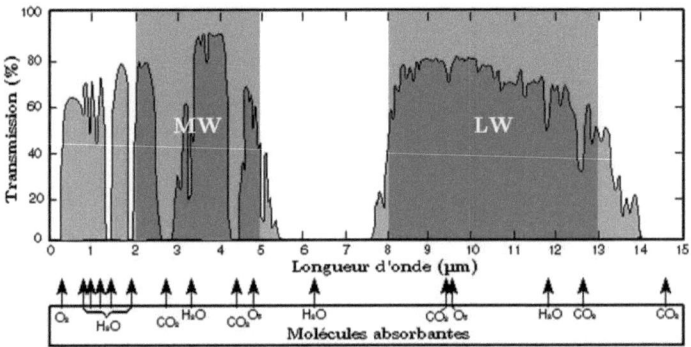

Figure 3-11 – Distribution spectrale de la transmission atmosphérique et bandes usuelles de mesure du rayonnement infrarouge

Jusqu'à la fin des années 90, les caméras infrarouges étaient constituées d'une seule cellule sensible sur laquelle était projeté le rayonnement grâce à un système optomécanique (miroirs rotatifs, prisme,...). Le système étant lourd et

63

volumineux, les évolutions technologiques ont permis de mettre au point des capteurs infrarouges matriciels dont la taille des pixels peut varier de 15 à 60 µm suivant la technologie utilisée.

3.2.2.3.3 Capteurs quantiques

La mesure faite par un détecteur quantique (ou photonique) est basée sur l'interaction entre le rayonnement et la matière, le signal délivré étant proportionnel au nombre de photons reçus. Le détecteur quantique est constitué d'un matériau semi-conducteur dont la composition varie en fonction de la longueur d'onde de sensibilité souhaitée (MCT, InSb, QWIP). Le principe repose sur la structure de bande des matériaux semi-conducteurs, seuls les électrons appartenant à la bande de conduction contribuent au signal de mesure. La figure 3-12 illustre ce mode de fonctionnement. Dans un semi-conducteur à température ambiante (a), les électrons évoluent librement entre la bande de valence et la bande de conduction du fait de l'énergie thermique. Seulement, lorsque le détecteur est refroidi à des températures cryogéniques (-196°C pour le détecteur InSb par exemple), la bande de conduction se vide et la quasi-totalité des électrons perdent de l'énergie pour occuper la bande de valence. Les résidus éventuels sont responsables d'un bruit de mesure (b). Enfin, lorsqu'un photon irradie le détecteur, des électrons de la bande de valence viennent repeupler le niveau supérieur si l'énergie absorbée est supérieure à celle de la bande interdite (c). Chaque électron libre étant caractéristique de la mesure, il suffit ensuite de polariser la bande de conduction pour mesurer la quantité d'électrons responsables de l'absorption.

L'énergie d'un photon étant inversement proportionnelle à sa longueur d'onde, la sensibilité spectrale du détecteur dépend du matériau semi-conducteur qui le compose. Par conséquent, la mesure en LW sera possible si le matériau semi-conducteur possède une bande interdite suffisamment étroite. Par contre, ce saut d'énergie étant beaucoup plus grand en MW, le système de refroidissement doit être plus performant. La présence d'un système de refroidissement est d'ailleurs la principale différence entre les capteurs quantiques et les capteurs bolométriques. Celui-ci peut se faire de plusieurs façons : azote liquide, effet Peltier, moteur Stirling (compression d'hélium),...

En termes de performances, les capteurs quantiques MW sont les plus sensibles thermiquement (voir paragraphe 3.2.2.1.2). A cause du bruit dû aux électrons résiduels de la bande de conduction après refroidissement, la sensibilité est encore meilleure pour des températures élevées. La résolution spatiale des capteurs quantiques est cependant un inconvénient. Pour ce type de technologie, le pitch (distance inter-pixel) est d'environ 60 µm et limite le nombre de cellules par matrices. Des évolutions récentes permettent cependant de quadrupler la résolution en utilisant la « super-résolution », technologie qui permet de balayer les quatre coins d'un pixel par un système optomécanique [**113**].

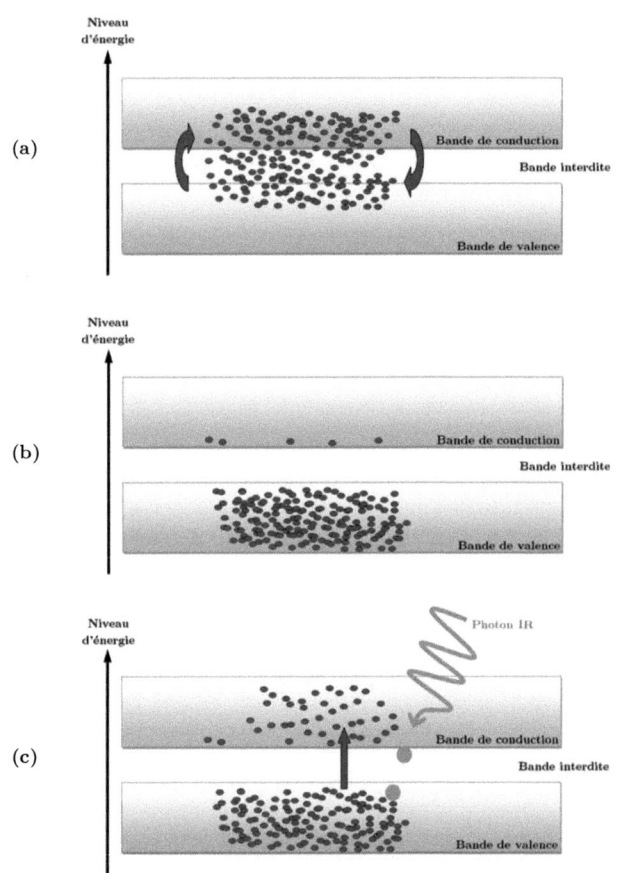

Figure 3-12 – Principe de fonctionnement d'un détecteur quantique :
(a) à température ambiante, (b) capteur refroidi à -196°C,
(c) absorption d'un photon infrarouge

Chapitre 3 − Modélisation théorique

3.2.2.3.4 Capteurs thermiques

A la différence des capteurs quantiques sensibles aux photons, le détecteur thermique est sensible à une variation de température. Le rayonnement incident échauffe un composant qui, par une variation d'une de ses propriétés physiques, fournit un signal dépendant de sa propre température. Dans la catégorie des détecteurs thermiques, les détecteurs bolométriques sont ceux qui ont été le mieux intégrés dans des capteurs matriciels. Le principe de fonctionnement repose sur la variation de la résistivité d'un matériau semi-conducteur due à l'agitation thermique. La variation de propriétés électriques peut être mesurée précisément pour quantifier l'échauffement. Les détecteurs matriciels micro-bolométriques sont généralement composés d'oxyde de vanadium ou de silicium amorphe. Ces matériaux sont sensibles exclusivement à la bande LW (entre 8 et 12 µm).

Ces capteurs ne nécessitent pas de refroidissement à des températures très faibles, mais doivent être stabilisés en température. En effet, la cellule bolométrique est en contact avec un dissipateur thermique métallique qui doit être isolé thermiquement. Une mesure relative à cette référence permet d'évaluer la quantité de rayonnement absorbée par le bolomètre.

Du fait de leurs propriétés intrinsèques, les capteurs bolométriques se distinguent des capteurs quantiques sur plusieurs points.

- La mesure du rayonnement LW présente un avantage du fait de l'absorption atmosphérique. La mesure de rayonnement n'est pas perturbée si la distance de travail est inférieure à 10 m alors qu'un détecteur quantique perd de l'information à partir de 3 m.
- La quantité de signal de mesure est plus grande en-dessous de 300°C (voir courbes de Planck, figure 3-7), ce qui induit un meilleur rapport signal/bruit. Sur une pièce peu absorbante, l'inconvénient est la plus grande influence de la réflexion du rayonnement des objets à température ambiante.
- La technologie de fabrication des cellules micro-bolométriques permet d'obtenir des résolutions plus intéressantes. Cependant, le pitch est limité à cause de la diffraction des grandes longueurs d'onde.

3.3 Résultats de simulation

A partir de la connaissance des mécanismes de transfert de chaleur et des propriétés thermo-physiques des métaux, nous avons mis en œuvre un modèle numérique afin de prédire le fonctionnement du processus « Scanning from Heating ». La simulation de la technique réside essentiellement dans la résolution des équations présentées dans la partie 3.1.5. Pour ce faire, nous avons utilisé un outil d'analyse numérique qui fonctionne par la méthode des éléments finis (COMSOL Multiphysics). Un tel outil permet de décrire un phénomène transitoire en partant d'un état initial connu (la pièce est à température ambiante) et en procédant par itérations dans le temps. La méthode des éléments finis consiste également à décomposer le domaine étudié en sous-domaines (éléments ou mailles). Cette discrétisation est obtenue en découpant le domaine par un maillage de formes et de dimensions adaptées au problème. La variation de la température dans chaque maille est alors déterminée à partir des valeurs de la température aux noeuds de cette maille. La méthode est donc particulièrement adaptée à la résolution d'un problème de conduction qui se traduit par la propagation d'un flux de chaleur de proche en proche. Le logiciel COMSOL Multiphysics a également l'avantage d'offrir une riche base de données des propriétés thermo-physiques des matériaux.

3.3.1 Distribution spatiale de la chaleur

3.3.1.1 Hypothèses

Nous cherchons dans un premier temps à obtenir une cartographie de la température à la surface d'un matériau quelconque suite à l'échauffement induit par un laser. Nous choisissons un parallélépipède de dimension 5×5 cm et d'épaisseur 1 cm, ces dimensions étant suffisamment grandes pour ne pas générer d'effets de bords, c'est-à-dire que l'élévation de température due au confinement du flux de chaleur dans le matériau reste négligeable. La conductivité est supposée isotrope (matériau homogène) et invariante avec la température.

Le milieu est considéré comme semi-infini par rapport à la taille du faisceau laser. La distribution d'énergie de ce rayonnement est gaussienne et est donnée par l'équation 3-10 avec un rayon $r_0=0,5$ mm et une puissance maximale $P_{in}=50$ W (paramètres du laser utilisés pour les expérimentations). Pour la détermination de l'absorptivité, nous considérons que le laser émet dans le proche

Chapitre 3 – Modélisation théorique

infrarouge et que le faisceau est en incidence normale au centre de la face supérieure du parallélépipède. La température ambiante est fixée à 20°C pour l'ensemble des calculs.

Le maillage spatial utilisé est progressif. Comme l'indique la figure 3-13, le pas est plus fin sur la face supérieure, face sur laquelle l'énergie est apportée par le laser, de telle sorte que l'impact du faisceau couvre une fenêtre d'au moins 3×3 éléments.

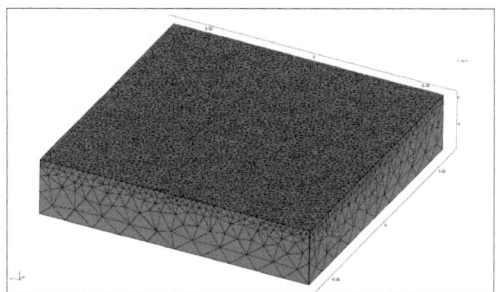

Figure 3-13 – Maillage du modèle numérique

3.3.1.2 Influence du matériau

Afin d'évaluer la réponse thermique du matériau à un échauffement laser, un tir laser est simulé à la surface de deux métaux standards dans l'industrie : un acier AISI 4340 et un aluminium. Les conditions expérimentales pour chaque tir sont exactement les mêmes : la puissance incidente vaut 50 W et le tir dure 500 ms. La figure 3-14 illustre la réponse thermique observée : la cartographie 2D de la face supérieure représente la distribution en température pour un aluminium (a) et pour l'acier (b). Le profil linéaire de température selon l'axe Y passant au centre du spot de chaleur est reporté sur le graphe en Kelvin. Le profil est calculé juste avant l'arrêt du tir laser, soit avant la décroissance en température. Le profil marque une différence significative entre la réponse thermique d'un acier et d'un aluminium : l'élévation de température de l'aluminium vaut 22 K contre 115 K pour l'acier avec la même énergie apportée sur la surface. La répartition spatiale du champ de température conserve une allure gaussienne. Il est alors approprié d'estimer la taille de la tache thermique à partir de la demi-largeur à $1/e^2$ (voir note 1 page 47), qui vaut 1,45 mm pour l'aluminium contre 1,26 mm pour l'acier (matérialisée par les traits horizontaux de la figure 3-14). Notons que la taille de la zone échauffée est quasiment 3 fois plus importante que la taille du faisceau incident ($r_0=0,5$ mm).

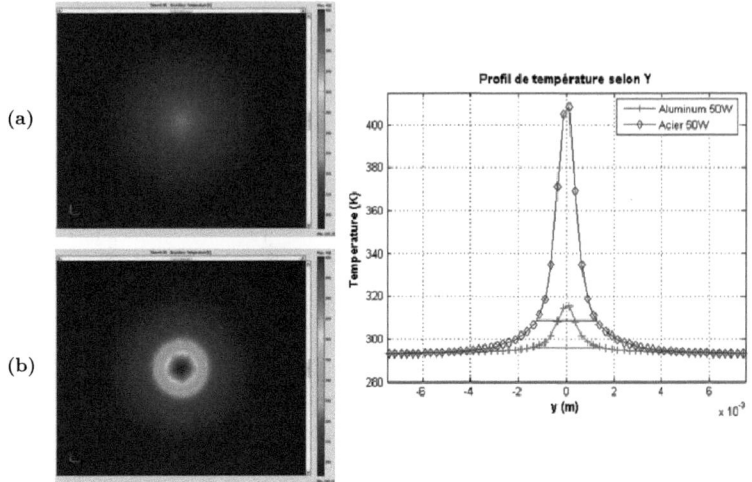

Figure 3-14 – Cartographie et profils de température après un pulse laser pour un aluminium (a) et un acier (b)

L'aluminium absorbe moins bien l'énergie (réflectivité plus grande) que l'acier, par conséquent l'élévation de température au centre du point d'impact du laser est moins importante. Cependant, la surface relative occupée par la tache de chaleur peut être plus étendue que pour un acier. La propagation du flux de chaleur au-delà de la zone directement irradiée par le laser est due majoritairement au transfert par conduction. Il semblerait que la cartographie obtenue dépende à la fois de la faculté du matériau à absorber le rayonnement et de sa capacité à conduire le flux de chaleur. Il est intéressant d'observer comment évolue la distribution spatiale de la tache de chaleur en fonction de la seule propriété conductivité thermique.

3.3.1.3 Influence de la conductivité thermique

Pour étudier l'influence de la conductivité sur la réponse thermique, nous choisissons comme matériau de référence le même acier que précédemment. La seule variable modifiée pour chacune des solutions calculées est la conductivité thermique k. De la même façon, les profils de température sont mesurés suite à un

Chapitre 3 – Modélisation théorique

échauffement de 50 W pendant 0,5 s (voir figure 3-15-(a)). Plusieurs matériaux fictifs sont simulés en multipliant par un entier la conductivité initiale de l'acier considéré, qui vaut 44 W.m^{-1}.K^{-1}. Conformément à ce qui est attendu, la taille du spot de chaleur a tendance à s'agrandir avec la conductivité thermique (courbe verte sur la figure 3-15-(b)). Dans le même temps, l'élévation de température générée au centre de la tache diminue ((b), courbe bleue). Vis-à-vis de ces deux critères, les fonctions admettent un comportement asymptotique pour de très grandes valeurs de k. Dans les deux cas, la valeur limite dépend de critères autres que la conductivité thermique, sans doute liés à l'énergie totale apportée par le laser (dépend de l'absorptivité, la puissance, la durée d'impulsion).

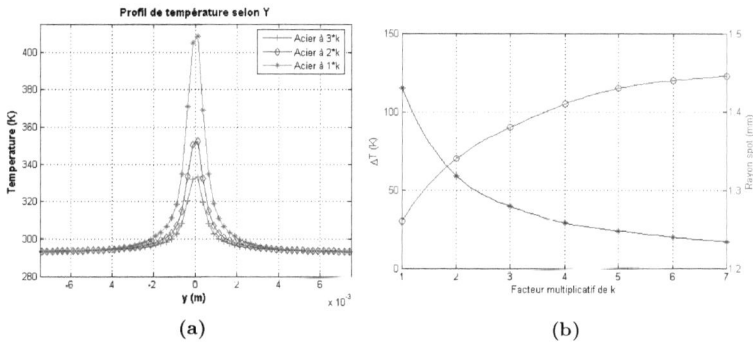

(a)   (b)

Figure 3-15 – Influence de la conductivité sur la réponse thermique : profils de température (a), évolution de l'intensité et de la taille du spot (b)

La variation de la taille de la tache thermique reste peu démonstrative, son rayon évolue de 2,5 à 2,9 fois le rayon du faisceau laser incident. Toutefois, cette observation est à prendre en considération pour le choix de la résolution spatiale de la caméra thermique utilisée pour l'expérimentation (voir chapitre suivant). La variation de la surface échauffée en fonction de la conductivité est beaucoup plus significative après le tir laser. En effet, la valeur de la conductivité influence la capacité du matériau à retrouver plus ou moins rapidement une température constante, c'est-à-dire à atteindre une situation d'équilibre thermique avec son environnement. Lorsqu'il n'y a plus d'apport extérieur d'énergie, l'équation de la chaleur (équation 3-16) décrit ce retour à l'équilibre (si les pertes par convection et rayonnement sont négligeables). Pour illustrer cette remarque, nous calculons les profils de température 50 ms après l'arrêt du tir laser, sur un acier standard et un acier artificiel de conductivité 5 fois plus grande. Sur l'acier standard, l'élévation de température n'est plus que de 13 K (115 K juste avant la fin du tir) et la demi-largeur à $1/e^2$ vaut 4 mm. Sur l'acier plus conducteur, la température vaut 1 K de plus que la température initiale et le rayon de la tache est de 8,2 mm. Cet exemple met en évidence les effets de la grande diffusivité des métaux en général et implique une remarque importante pour l'utilisation du « Scanning from Heating » sur les métaux. La taille de la tache reste relativement stable pendant l'apport de chaleur alors qu'elle subit une augmentation brutale après le tir. Etant donné que la mesure de la position du spot est le fondement de la technique SfH, il sera indispensable de la mesurer pendant l'irradiation.

Contrairement à l'étendue de la zone échauffée, le niveau de température varie de façon significative avec les propriétés thermo-physiques du matériau. Il convient donc d'identifier les variables d'ajustement de ce niveau de température en fonction du matériau. A priori, l'énergie apportée à la surface influence directement la quantité de chaleur générée, il est donc primordial d'étudier l'aspect temporel du processus.

3.3.2 Réponse temporelle et réglages de la source

L'étude du régime transitoire de notre phénomène d'échauffement doit permettre de quantifier la relation entre l'énergie apportée (puissance absorbée que multiplie la durée d'impulsion) et le niveau de température induit à la surface du matériau. L'idée sous-jacente est de déterminer comment régler la source laser en fonction du matériau de telle sorte qu'un point de chaleur soit toujours détectable par la caméra. La solution de l'analyse par éléments finis fournit des valeurs de température, c'est pourquoi il faut déterminer à quelle température correspond le signal minimal détectable par le capteur thermique. Les fabricants de caméras infrarouges donnent généralement une valeur appelée NETD, pour « Noise Equivalent Temperature Difference ». Cette valeur est mesurée de la façon suivante : une séquence d'images est acquise sur un corps noir à température connue. L'histogramme des températures mesurées pour toute la séquence suit idéalement une distribution gaussienne centrée sur la valeur de température recherchée. Le NETD est l'écart-type σ de la loi normale correspondante à cet histogramme. Comme expliqué dans le paragraphe 3.2.2.3, un détecteur thermique est moins sensible qu'un détecteur quantique, le NETD vaut typiquement 50 mK pour une caméra bolométrique et 20 mK pour une caméra photonique. Nous choisirons le cas le moins avantageux pour la simulation : σ=50 mK. En d'autres termes, cela signifie que la probabilité que la mesure ne soit pas du bruit est de 99.7% si l'écart de température vaut 6×σ=0,3 K. Nous choisissons un facteur de sécurité de 10 permettant de tenir compte de l'écart d'émissivité entre un métal et un corps noir, le seuil minimal de détectabilité de la caméra est estimé à 3 K.

Pour plusieurs métaux communs, il est alors possible de déterminer la puissance et le temps d'échauffement requis pour atteindre ce seuil. Deux cas de figure peuvent alors se présenter suivant que l'une ou l'autre des deux variables est fixée. Dans une situation où le temps d'impulsion est imposé (lié à la cadence d'acquisition de la caméra par exemple), nous souhaitons établir quelle puissance permettra d'obtenir une élévation de température de 3 degrés. Dans le modèle numérique, la température du point chaud est évaluée en calculant la température moyenne de la maille centrale et de ses 8 voisins. Le tableau 3-1 indique les résultats obtenus pour six métaux ainsi que leurs propriétés physiques et radiatives : la conductivité thermique k à température ambiante, la masse volumique ρ, la capacité calorifique massique C_p et l'absorptivité α dans le proche infrarouge. Ces résultats permettent de prédire par exemple que si la durée d'échauffement doit être réduite à 1ms, la puissance du laser doit pouvoir atteindre 44,7 W au minimum pour que la numérisation par SfH de tous ces matériaux soit faisable. Pour rejoindre les observations faites dans le paragraphe précédent, cette valeur limite est atteinte pour le matériau le moins absorbant, mais pas forcément le plus conducteur.

	k (W/m.K)	ρ (kg/m^3)	C_p (J/kg.K)	α	$P_{t=20ms}$ (W)	$P_{t=10ms}$ (W)	$P_{t=1ms}$ (W)
Acier oxydé	44,5	7850	475	0,3	1,6	1,8	4,1
Acier poli	44,5	7850	475	0,07	7	7,8	17,5
Aluminium oxydé	160	2700	900	0,25	5,9	6,2	9,1
Aluminium poli	160	2700	900	0,05	29	31	44,7
Cuivre oxydé	400	8700	385	0,2	18	18,4	24,5
Tungstène	174	19300	130	0,4	3,9	4,1	6,1

Tableau 3-1 – Puissances incidentes calculées pour atteindre 3K après t=1ms, t=10ms, t=20ms

Dans un second cas de figure, le niveau de puissance de la source laser peut être fixé et le temps d'échauffement minimum estimé. Les valeurs obtenues dans les mêmes conditions expérimentales que ci-dessus sont reportées dans le tableau

3-2. L'évolution temporelle de la réponse thermique est donnée sur la figure 3-16. Pour la simulation, l'hypothèse est faite que la puissance émise par le laser est une fonction échelon. Les temps de montée à 3 K sont généralement très courts (inférieurs à 1ms pour P=50 W) mais augmentent rapidement si la puissance diminue, particulièrement pour des matériaux très conducteurs ou très peu absorbants.

	$t_{3K\ (P=50W)}$ (ms)	$t_{3K\ (P=30W)}$ (ms)	$t_{3K\ (P=10W)}$ (ms)
Acier oxydé	0,025	0,034	0,15
Acier poli	0,12	0,3	3,9
Aluminium oxydé	0,03	0,06	0,8
Aluminium poli	0,715	13,9	9590
Cuivre oxydé	0,125	0,45	2150
Tungstène	0,02	0,035	0,255

Tableau 3-2 – Temps de montée à 3K pour P=10W, 30W, 50W

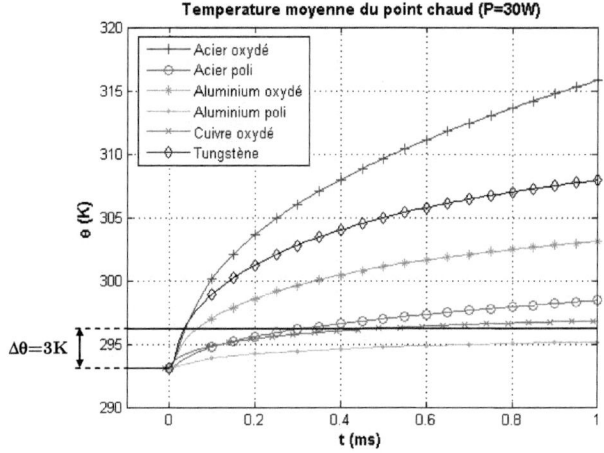

Figure 3-16 – Courbes de réponse thermique à P=30W

3.3.3 Validité du modèle numérique

Afin d'évaluer la concordance des résultats obtenus avec la réalité terrain, nous avons mesuré à l'aide d'une caméra infrarouge la réponse thermique à une impulsion pour un acier. La source utilisée est un laser à diodes émettant à λ=0,808 μm, et la caméra infrarouge est sensible au rayonnement compris entre

Chapitre 3 – Modélisation théorique

1,5 et 5 µm. Sur chaque image de la séquence (cadence de 50 Hz), la température moyenne est calculée sur la zone irradiée par le faisceau laser, de même que pour les valeurs présentées dans le paragraphe précédent. La confrontation des résultats obtenus par la caméra thermique et de la solution donnée par le modèle numérique est présentée sur la figure 3-17. Les caractéristiques de l'impulsion laser sont les mêmes pour les deux cas : amplitude de 15 W sur une durée de 3 s. Les résultats expérimentaux s'ajustent relativement bien à la théorie bien que la montée en température soit moins rapide que la prédiction. Cette observation peut s'expliquer par le fait que les propriétés physiques réelles de la pièce en acier utilisée pour la mesure diffèrent des propriétés introduites dans le modèle. Bien que l'acier choisi soit une pièce spéculaire, il est possible qu'une fine couche d'oxyde entraîne une diffusivité plus grande que la valeur standard choisie, ce qui expliquerait la montée en température moins rapide. La seconde remarque à prendre en considération est liée aux problèmes de la thermographie sans contact rappelés dans la partie 3.2.2.3. L'évaluation précise de la température effective sur une pièce réfléchissante est complexe car le signal mesuré est la somme du rayonnement émis par la surface et des réflexions parasites provenant de l'environnement. Dans le cas de notre application, l'estimation de la température vraie n'est pas une contrainte car nous cherchons à mesurer une différence relative de température apparente (entre deux instants distincts ou bien à deux positions différentes).

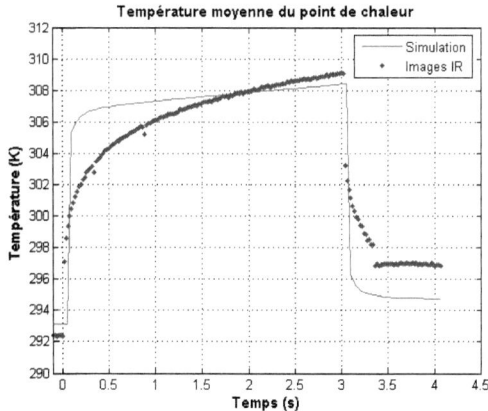

Figure 3-17 – Comparaison entre les résultats obtenus par simulation et les images acquises en conditions réelles par caméra thermique

3.4 Conclusion

La compréhension du phénomène physique mis en jeu par le processus « Scanning from Heating » est essentielle pour appréhender sa mise en œuvre expérimentale sur des matériaux métalliques. A la lumière des lois de la thermique, nous avons décrit dans ce chapitre comment mettre en équation l'interaction entre la source laser, la surface échauffée, et l'environnement pour notre application. Les facteurs d'influence des propriétés physiques et radiatives des métaux ont été identifiés pour deux objectifs principaux : construire un modèle théorique le plus fidèle possible à la réalité terrain et fournir les indications nécessaires au choix du matériel expérimental. Nous avons vu notamment qu'un laser émettant dans le proche infrarouge serait préférable du fait de l'évolution de l'absorptivité des métaux avec la longueur d'onde.

A partir de la connaissance de ces propriétés, la simulation du processus dans le cas d'un modèle tridimensionnel a été réalisée grâce à un outil d'analyse par éléments finis. Le calcul de la réponse spatiale et temporelle des métaux à une impulsion thermique a permis d'apporter d'autres indications essentielles pour la mise en œuvre expérimentale du SfH. Par exemple, le temps d'échauffement du matériau n'est pas une contrainte (inférieur à 1 ms) si le niveau de puissance est approprié à la nature du matériau et à son état de surface. Sur des métaux usuels, la puissance incidente minimale requise n'excède pas 45 W. Partant de ces résultats, nous décrirons dans le chapitre suivant comment la technique proposée a été mise en œuvre expérimentalement.

Chapitre 4   Mise en œuvre expérimentale

L'objectif de ce chapitre est de décrire le raisonnement et les étapes de validation qui ont permis d'aboutir à une solution de numérisation 3D de surfaces spéculaires. Cette solution a été obtenue en deux temps : un premier système expérimental a permis de démontrer la faisabilité de la technique en conditions réelles et variables (surfaces de natures et de géométries différentes) puis, en nous appuyant sur les résultats obtenus, nous avons conçu un prototype optimisé pour une application de numérisation 3D. Le développement de ce chapitre est subdivisé en deux parties qui correspondent à ces deux phases de maturation de la solution.

4.1 Démonstration de la faisabilité

4.1.1 Système expérimental

En accord avec les conclusions faites à partir du modèle numérique et présentées dans le chapitre précédent, le dispositif expérimental mis au point (voir figure 4-1) est constitué des éléments suivants :

- La source laser : le système utilisé est un laser à diodes « Laserline LDL 100 » fonctionnant en régime continu et émettant à $\lambda=0,808$ µm. L'influence de la longueur d'onde sur l'absorptivité des métaux a permis de mettre en évidence l'intérêt de se rapprocher des courtes longueurs d'ondes. Les technologies existantes limitent l'utilisation de longueur d'onde encore plus courte pour notre application. En effet, les lasers émettant dans le visible véhiculent des puissances souvent trop faibles pour prétendre échauffer une surface métallique (pointeur visible par exemple). Les lasers à UV pourraient être également envisagés du fait de leur courte longueur d'onde mais ceux-ci induisent une interaction réputée athermique, c'est-à-dire avec un échauffement très faible. En effet, un photon ultraviolet étant très énergétique, il peut conduire à un phénomène de photo-ablation, et permet d'enlever de fines couches de matière sans brûlure ou fusion du reste de la surface. Il est utilisé pour cette raison dans la chirurgie ou la micro-mécanique. Suivant la puissance incidente, le phénomène observé peut aussi être de la fluorescence [**89**] mais généralement pas une élévation de température. L'utilisation d'un laser à semi-conducteur semble donc offrir le meilleur compromis puissance/longueur d'onde. La source utilisée est constituée de plusieurs rangées de diodes amplifiées pour fournir un faisceau dont la puissance de sortie peut être modulée de 0 à 100 W. La distance focale est de 150 mm et le diamètre du faisceau est de 0,5 mm à cette distance.

- La caméra thermique : le détecteur utilisé pour les premières expérimentations est une caméra photonique FLIR SC7200, intégrant un capteur InSb. Comme dans la plupart des capteurs quantiques, la résolution du capteur n'est pas très grande (320×256 pixels) mais la sensibilité thermique est très bonne (NETD<20 mK) et le rapport signal sur bruit est meilleur que pour une caméra non refroidie. Le détecteur est sensible aux ondes moyennes étendues, c'est-à-dire [1,5-5] µm. La longueur d'onde du laser est en dehors de cet intervalle de mesure, ce qui nous assure de ne pas mesurer le rayonnement réfléchi parasite. L'optique utilisée assure une distance de travail optimale de 60 cm. L'axe optique de la caméra est incliné de 30° par rapport à la direction du faisceau laser, agencement fixé par les contraintes d'encombrement mécanique de l'ensemble.

- Automatisation : l'ensemble caméra/laser est solidaire et fixé à une table de déplacement 3-axes. La précision mécanique sur chaque axe est de 10 µm. Cette configuration de balayage avec objet immobile permet d'offrir un large volume de scan (voir photo figure 4-1). Un automate programmable est utilisé pour synchroniser l'ensemble du processus : émission laser, déclenchement de l'acquisition de la caméra et déplacement de la table. La puissance du laser est pilotée par un rack de commande indépendant.

Pour la reconstruction 3D, le repère monde est attaché au système de déplacement de la table (axes identifiés sur la photo). De cette façon les

Chapitre 4 – Mise en œuvre expérimentale

coordonnées X et Y sont fixées et incrémentées par l'automate au cours du balayage. Pour chaque position intermédiaire du scanner, l'orientation du laser et de la caméra ne changent pas dans le repère monde et le système d'acquisition se déplace dans le plan (OXY) à Z constant. L'ordonnée Z est alors calculée par triangulation à partir de la position du point de chaleur dans l'image thermique. La reconstruction tridimensionnelle est donc conditionnée par la détermination de la relation entre la position du point 2D dans l'image et la profondeur Z de la tache laser dans le repère réel. Pour évaluer cette relation, une étape préalable de calibrage géométrique est nécessaire.

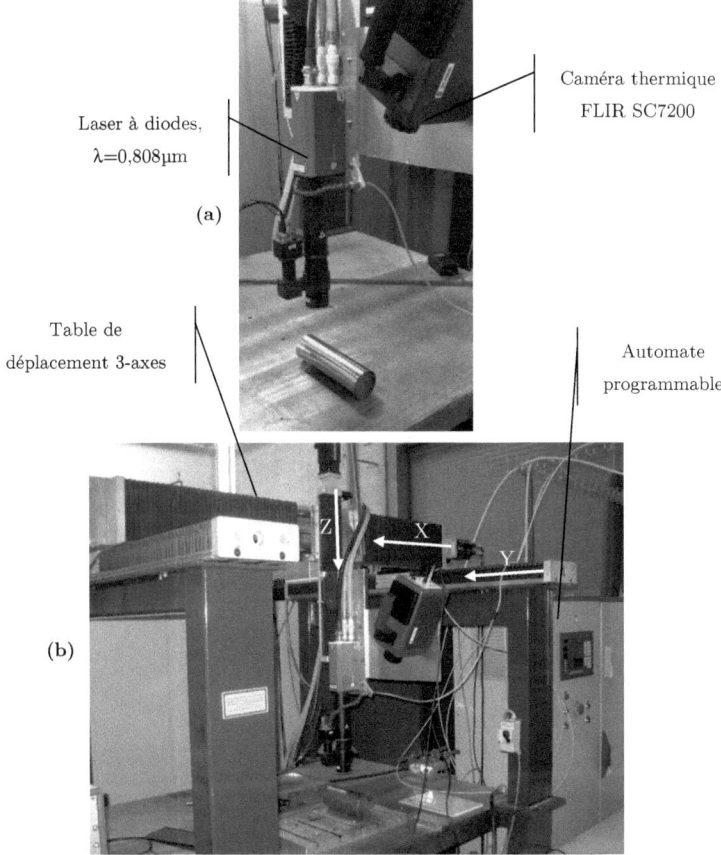

Figure 4-1 – Système expérimental de numérisation 3D (a) dans sa cellule automatisée (b)

4.1.2 Calibrage géométrique

Si l'on considère le modèle sténopé de la caméra [114], communément utilisé en vision par ordinateur, l'acquisition d'une scène par la caméra peut être modélisée par une projection perspective. Dans notre cas, l'orientation relative du faisceau laser par rapport à la caméra ne change pas pendant l'acquisition. Or, selon les règles de la géométrie projective, l'image d'une droite est une droite, cela signifie que la représentation du faisceau laser dans le repère image est une droite. Le principe de la méthode de calibrage est de déterminer l'équation de cette droite et la relation entre la position d'un point sur la droite (en pixels) et sa coordonnée manquante du repère monde, Z (en mm). Pour ce faire, un plan est positionné sous le système et un déplacement de l'ensemble est opéré en translation le long de l'axe Z. Avec un déplacement incrémental régulier, une séquence d'images du point de chaleur est obtenue pour chaque position intermédiaire en Z. Comme l'indique la figure 4-2-(a), l'ensemble des points obtenus décrit donc une droite Δ dans le repère image. Par analogie avec la vision stéréoscopique, cette droite n'est autre que la droite épipolaire et intersecte la droite reliant le centre optique de la caméra et l'origine du repère monde au point e, épipôle. Dans une telle configuration de scanner 3D, un capteur linéaire pourrait d'ailleurs être utilisé car la zone utile de l'image se réduit à une ligne.

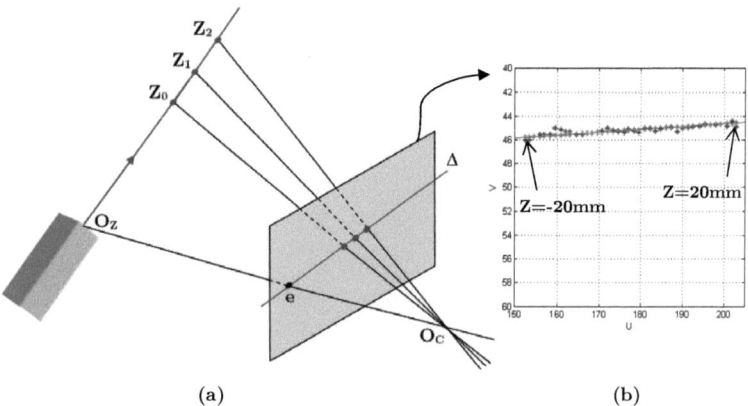

(a)   (b)

Figure 4-2 – Principe de la projection perspective (a) et données de calibrage mesurées dans le repère image (b)

La figure 4-2-(b) représente, dans le repère image en pixel, les coordonnées (u;v) des points de calibrage mesurés pour une variation relative en Z de ±20mm autour du point de focalisation du laser. Chacun de ces points est projeté ensuite sur la droite épipolaire, obtenue par régression linéaire. Le triplet (u;v;Z) contient alors les données de calibrage nécessaires et suffisantes pour la reconstruction 3D. Un minimum de trois points est requis bien que l'acquisition d'un plus grand nombre de points améliore l'estimation de la droite de calibrage.

A partir de ces données, il est possible de reconstruire en 3D tout point dont on connaît les coordonnées (u;v) en pixels dans le repère image. Ce calcul se base sur les règles de la géométrie projective. Bien que conservant l'alignement, la projection centrale, schématisée sur la figure 4-2-(a) dans le plan épipolaire, n'est pas une transformation affine, c'est-à-dire qu'elle ne conserve pas les rapports de distance. Autrement dit, si les trois points sont positionnés à intervalles réguliers selon l'axe $\overrightarrow{Oz}$ alors leurs projetés dans le plan image ne le seront pas. Nous utilisons pour la reconstruction la propriété de conservation du birapport (ou rapport anharmonique) [115] de quatre points alignés, valable dans le cas d'une projection centrale. Selon la figure 4-3, si quatre droites sont concourantes au point O, cette propriété stipule que les birapports de (A,B;C,D) et (A',B';C',D') sont égaux quelles que soient les droites qui portent les séries de quatre points. Cette égalité est exprimée par l'équation 4-1. Par analogie avec le schéma de la figure 4-2-(a), le calcul de la profondeur Z d'un point dont on connaît les coordonnées dans le plan de projection (image) revient à résoudre cette équation à une inconnue, si au moins trois points et leurs projetés dans l'image sont connus. Notre méthode de reconstruction se base sur ce principe.

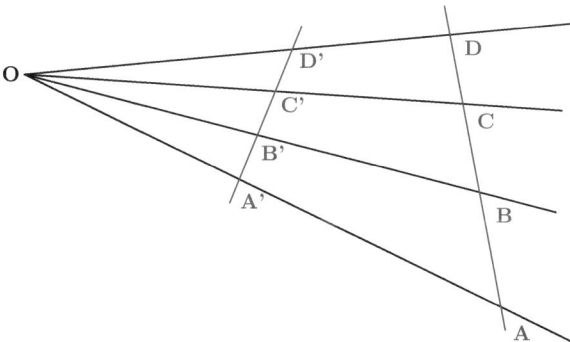

Figure 4-3 – **Conservation du birapport de quatre droites concourantes**

$$[A, B; C, D] = [A', B'; C', D'],$$

$$soit: \frac{\overline{CA}.\overline{DB}}{\overline{CB}.\overline{DA}} = \frac{\overline{C'A'}.\overline{D'B'}}{\overline{C'B'}.\overline{D'A'}}.$$

Équation 4-1

4.1.3 Méthode de reconstruction

Les tâches menant à la génération du nuage de points 3D sont ordonnancées selon l'organigramme présenté sur la figure 4-4. Comme pour tout processus de vision par ordinateur, deux blocs indépendants composent le processus de numérisation 3D : l'acquisition et le traitement.

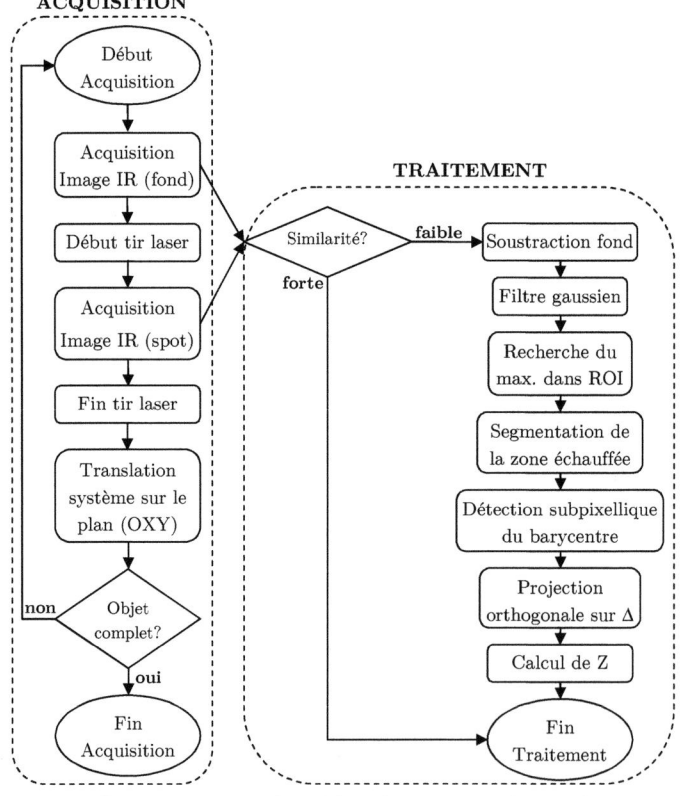

Figure 4-4 — Ordonnancement des tâches du processus de numérisation 3D

Chapitre 4 – Mise en œuvre expérimentale

4.1.3.1 Acquisition

La synchronisation des tâches du processus d'acquisition est gérée par l'automate. Le déroulement est le même pour chaque position intermédiaire du système, c'est-à-dire pour chaque couple (X,Y), le pas de l'itération étant choisi suivant la densité de points souhaitée. Une fois en position, le trigger de la caméra est activé afin d'obtenir une image du fond, qui facilitera la détection de la tache de chaleur. Le tir laser est ensuite déclenché et une seconde image est acquise 20ms après le début du tir, temps prenant en compte le temps de montée du laser à la puissance de consigne et le temps d'échauffement du matériau (voir partie 3.3.2). Le tir est stoppé et le système se déplace à la position suivante pour réitérer l'opération, jusqu'à ce que la surface de l'objet soit complètement couverte. Du fait de la grande diffusivité des surfaces métalliques, il n'est pas nécessaire de marquer un temps de pause pour attendre la décroissance en température avant de passer au point suivant.

4.1.3.2 Traitement

L'objectif de la phase de traitement des images acquises est d'obtenir le nuage de points 3D. Etant donné que deux images sont à traiter par point numérisé, cette phase est réalisée indépendamment de la phase d'acquisition pour ne pas la ralentir. La première étape détermine si le point doit être effectivement calculé ou non : un score de similarité est calculé entre l'image de fond et l'image du spot de chaleur (par SSD, Sum of Squared Differences). Si la similarité est forte entre les deux images, cela signifie que l'impact du laser n'est pas visible par la caméra (occlusion par l'objet), les images ne seront donc pas traitées. Dans le cas contraire, la recherche du point de chaleur échouerait et un point 3D erroné serait tout de même calculé.

Après soustraction du fond, l'image obtenue est prétraitée grâce à la convolution par un filtre gaussien. La taille du masque choisi est de l'ordre de la surface occupée par la tache de chaleur dans l'image. L'avantage d'un tel filtre est double : il permet d'une part d'atténuer le bruit impulsionnel présent sur toute l'image et d'autre part, il permet d'attribuer un poids plus conséquent au centre de la zone échauffée, dont la distribution est supposée gaussienne. Pour cette raison, le filtre gaussien est le filtre adapté et optimise le rapport signal sur bruit. Comme l'illustre la figure 4-5, le positionnement du maximum, a priori au centre de la tache, est perturbé par la présence de bruit ; le filtre gaussien permet dans ce cas de recentrer le maximum d'intensité de l'image. Pour ne pas générer d'erreur, la zone de recherche du maximum d'intensité se limite à la zone utile de l'image, c'est-à-dire à la droite épipolaire. Sur l'image de la figure 4-6, un reflet spéculaire subsiste sur l'image après soustraction du fond, et celui-ci est plus intense que le point de chaleur (maximum indiqué par le point rouge). Un léger déplacement d'un objet rayonnant de l'environnement entre les deux acquisitions successives peut être à l'origine de ce reflet. La réduction de la ROI (Region Of Interest) autour de la zone attendue permet de correctement identifier le point qui nous intéresse (point bleu).

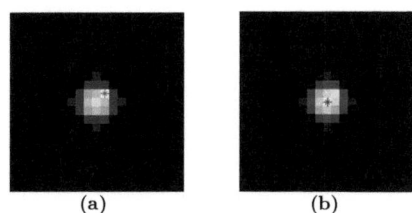

(a) (b)
Figure 4-5 – Position du maximum avant (a) et après filtrage gaussien (b)

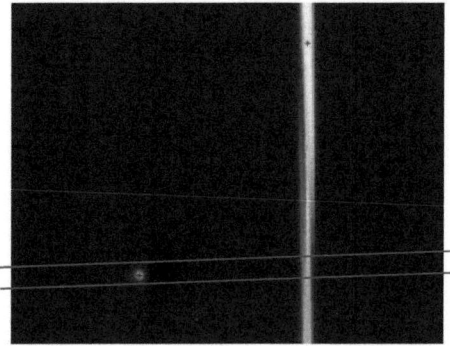

Figure 4-6 – Limitation de la ROI pour la recherche du point de chaleur

La détection des coordonnées en pixels de ce point doit être correcte puisqu'elle détermine le germe de la croissance de région, opération qui va agglomérer les pixels voisins satisfaisant un critère d'homogénéité. Après segmentation de la totalité de la zone échauffée, la détermination du barycentre de la forme permet d'obtenir les coordonnées subpixelliques du centre de la tache thermique. Ce traitement permet d'augmenter la précision sur la détection du point de chaleur. Dans certains cas particuliers, si le laser est mal focalisé sur la surface ou bien si les distorsions optiques sont importantes, la distribution d'intensité observée à l'image n'est plus gaussienne. L'image présentée sur la figure 4-7 a été obtenue en éloignant volontairement la surface à mesurer du plan de focalisation de la caméra. Dans ce cas, le filtre gaussien ne suffit pas à « recentrer » le point au centre de la tache, la détection subpixellique par croissance de région permet de le faire.

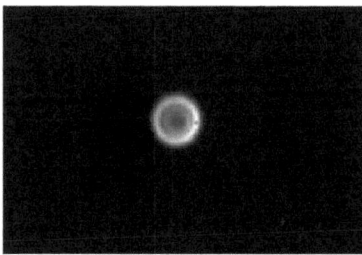

Figure 4-7 – Maximum d'intensité (point rouge) et barycentre de la forme segmentée par croissance de région (point bleu)

Le point mesuré n'étant pas rigoureusement sur la droite Δ, son projeté orthogonal est calculé. La profondeur Z est ensuite calculée à partir de l'équation 4-1 et les coordonnées (X;Y) sont données par la position de la table de déplacement.

4.1.4 Résultats et discussions

La section suivante présente des résultats qui ont été obtenus au moyen du système présenté ci-dessus. Au préalable, différents tests ponctuels ont été réalisés pour estimer la réponse thermique de plusieurs matériaux métalliques à une sollicitation par rayonnement laser. Une base de séquences d'images a ainsi été obtenue sur des échantillons couramment utilisés dans l'industrie, de natures et de compositions différentes ou d'états de surface différents. Les observations faites ont permis, en pratique, d'appréhender le lien entre puissance incidente et réponse thermique, pour rejoindre les conclusions apportées par le modèle numérique (voir chapitre 3). En s'appuyant sur la validation de ces réglages d'entrée, plusieurs nuages de points 3D ont été générés par notre méthode de numérisation.

Chapitre 4 – Mise en œuvre expérimentale

Le premier échantillon considéré est une tôle d'épaisseur 3 mm, d'aspect poli-miroir (voir photo figure 4-8). Le plan est incliné sous le système expérimental et numérisé à raison de 500 points espacés par pas réguliers de 3 mm. La puissance incidente choisie est de 15 W. Le résultat permet de mettre en évidence l'intérêt de la méthode d'extraction subpixellique du point de chaleur dans l'image. En effet, le calcul des coordonnées 3D de chaque point a été obtenu selon deux méthodes : une méthode précise au pixel sans segmentation de la tache (coordonnées entières du maximum de température dans l'image IR), et la méthode avec précision subpixellique présentée précédemment. Les résultats sont présentés sous forme de cartes de déviation (figure 4-8), afin de quantifier l'erreur de mesure. La déviation calculée (voir histogrammes) est la distance entre chaque point et une surface plane idéale. L'erreur moyenne vaut 94 µm avec détection subpixellique contre 206 µm sans cette étape.

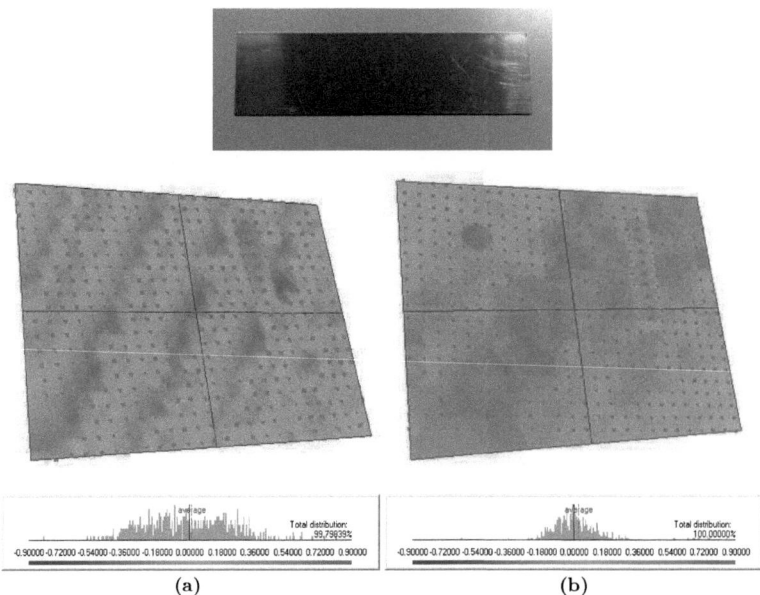

Figure 4-8 – Nuage de points et carte de déviation obtenus avec précision au pixel (a) et avec précision subpixellique (b)

Il est intéressant de noter la spécificité de la carte de déviation sur la figure 4-8-(a). En effet les bandes de couleurs, consécutivement rouges ou bleues selon la

Chapitre 4 – Mise en œuvre expérimentale

position relative du point par rapport au plan idéal, indiquent la périodicité de l'erreur autour de zéro. Ce résultat est directement lié à l'échantillonnage spatial de la mesure. Une vue en coupe du nuage de points permet de mieux comprendre le phénomène (voir figure 4-9). La répartition « en escalier » des points indique que la coordonnée Z calculée pour plusieurs groupes de points consécutifs est la même. En effet, bien que le plan réel soit incliné par rapport au rayon incident, la différence d'altitude en Z pour deux points adjacents n'est pas forcément détectable dans l'image infrarouge. Autrement dit, le maximum de la tache de chaleur irradie le même pixel pour plusieurs positions consécutives du laser, d'où la présence de paliers. La prise en compte des pixels voisins par croissance de région est donc indispensable pour mesurer précisément la position du point. L'erreur moyenne est réduite de manière significative et l'écart-type de la distribution est nettement diminué (voir histogrammes). En outre, la mesure permet d'identifier une rayure à la surface du plan d'une profondeur d'environ 500 µm.

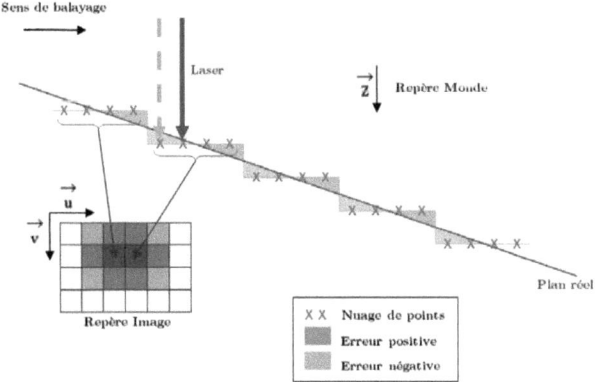

Figure 4-9 – Illustration schématique de l'échantillonnage spatial de la mesure

Le résultat suivant a été obtenu sur un cylindre en acier électro-zingué. Le traitement de galvanisation introduisant une couche de zinc de conductivité thermique plus importante que l'acier, la puissance du laser est fixée à 20 W. Le pas du balayage est de 2,5 mm et le nuage de points obtenu contient 400 points. La carte de déviation est donnée sur la figure 4-10, la moyenne des erreurs absolues étant de 143 µm. Notons également que l'écart-type de la distribution d'erreur atteint 245 µm. Cette valeur est principalement due à la présence de quelques points aberrants pour lesquels l'erreur approche 1mm. Ce type de point est obtenu lorsque le rayon incident approche la direction tangente à la surface du cylindre. Cette constatation est habituelle sur un système d'acquisition 3D et est principalement due au manque de précision dans la détection du maximum lorsque la zone détectée sur le capteur devient trop elliptique. Généralement, les scanners commerciaux ne calculent pas le point 3D lorsque l'angle d'incidence atteint un certain seuil (typiquement au-delà de 60°), or celui-ci atteint 64° pour certains points dans notre exemple. En effet, la suppression de ces points permet d'obtenir une amélioration considérable : la distribution d'erreur ainsi calculée présente une moyenne de 71 µm et un écart-type de 70 µm.

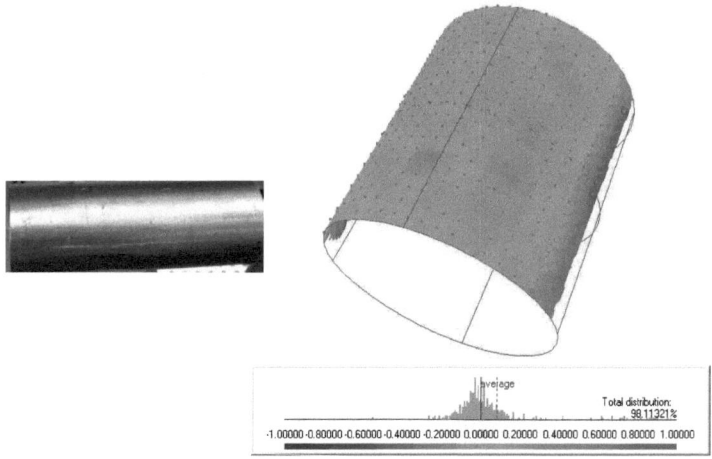

Figure 4-10 – Résultat de la numérisation d'un cylindre en acier électro-zingué

Un autre aspect intéressant est de pouvoir évaluer des distances caractéristiques de la géométrie comme le diamètre externe du tube. La pièce ci-dessus ne présentant pas une cylindricité parfaite, nous avons numérisé un cylindre en acier, étalonné pour des applications métrologiques. L'évaluation du diamètre à partir du nuage de points a plus de sens avec une telle pièce, car le diamètre est supposé constant sur toute la longueur du cylindre. L'échantillon a été préalablement poli afin d'atteindre un aspect spéculaire (pièce prise en photo sur la figure 4-1-(a)). La carte d'erreur obtenue présente des caractéristiques similaires au résultat ci-dessus. Le rayon de référence du cylindre a été mesuré par palpage et évalué à 33,949 µm. L'acquisition par SfH donne, sur 1066 points numérisés, un rayon de 34,162 μm, soit une erreur de mesure de 212 μm sur cette distance.

La faisabilité de notre technique a été démontrée sur des pièces constituées de différents matériaux. Par exemple, une pièce industrielle en aluminium a été numérisée (voir figure 4-11). Pour tenir compte de la différence de conductivité thermique et d'absorptivité entre l'aluminium et l'acier, la puissance incidente a été augmentée à 65 W. Pour plus de justesse dans l'évaluation de l'erreur de mesure, la surface de référence a été obtenue grâce à une machine à mesurer tridimensionnelle (par palpage). La comparaison est meilleure que si l'on utilise une forme géométrique idéale qui ne correspond pas à la pièce réelle. Ainsi, un ensemble de 220 points ont été calculés sur la portion de sphère avec une déviation moyenne de 144 μm pour un écart-type de 110 μm.

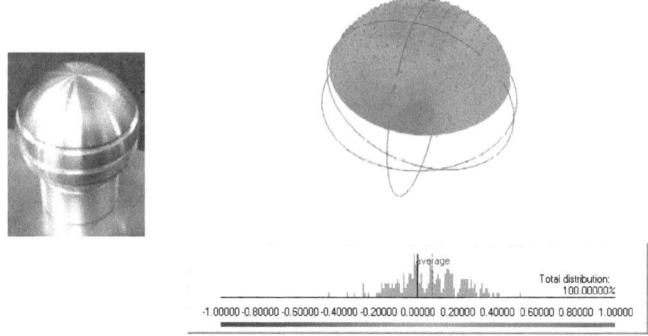

Figure 4-11 – Résultat de la numérisation d'une sphère en aluminium

Afin de compléter l'étude, des pièces spéculaires de géométries plus complexes ont également été numérisées. Les résultats générés sur deux d'entre elles sont présentés sur la figure 4-12. La numérisation par palpage est beaucoup plus fastidieuse que sur des formes simples et la densité de points résultante ne serait pas suffisante pour effectuer une comparaison correcte. Par conséquent, les cartes de déviation ont été calculées en utilisant comme surface de référence, la surface numérisée par un scanner à projection de lumière structurée de haute densité. La surface a bien sûr été préalablement poudrée pour paraître diffuse. 860 points ont été calculés par SfH sur la surface d'une cuillère en acier inoxydable (a) et la puissance incidente est réglée à 18 W. L'erreur moyenne obtenue est de

Chapitre 4 – Mise en œuvre expérimentale

182 µm. La seconde pièce est constituée d'acier recouvert d'une couche de peinture métallique jaune, responsable de l'aspect spéculaire. Pour cet exemple, 1100 points ont été mesurés sur la surface avec une erreur moyenne évaluée à 168 µm. Le matériau constituant de base est un acier et le revêtement est très spéculaire, la puissance incidente utilisée a été de 50 W afin de satisfaire le critère de détectabilité de la caméra thermique.

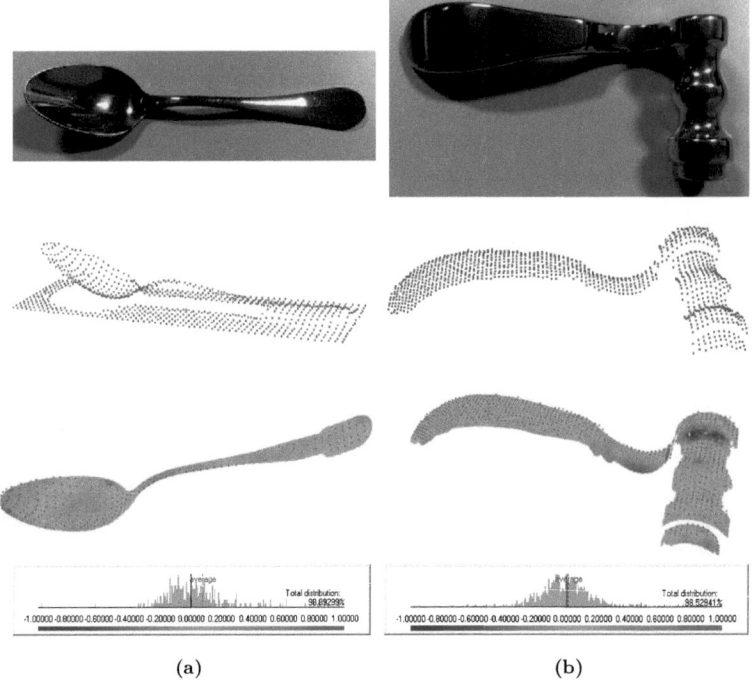

(a) (b)

Figure 4-12 – Nuages de points 3D obtenus sur deux surfaces spéculaires

Les résultats obtenus à partir de ce premier dispositif expérimental prouvent que la technique « Scanning from Heating » a un potentiel certain pour la numérisation 3D de surfaces spéculaires. Une étude plus approfondie sur les possibilités d'extension de la technique indépendamment de l'état de surface sera présentée dans le chapitre suivant, élargissant son champ d'application. En ce qui concerne le dispositif expérimental, celui-ci présente plusieurs possibilités d'améliorations, à ne pas négliger pour optimiser le processus d'acquisition.

4.1.5 Limitations du système

Du fait de son architecture, certaines caractéristiques du système peuvent devenir critiques si on souhaite augmenter la qualité des résultats de numérisation 3D. Les modifications envisagées concernent plusieurs éléments qui appartiennent essentiellement au processus d'acquisition identifié sur la figure 4-4.

4.1.5.1 Système de balayage

La plateforme de déplacement offre une très bonne précision dans le positionnement du système sur son plan de translation (10 µm) ainsi qu'un large champ de mesure. En revanche, l'ensemble {caméra ; laser} étant relativement lourd, on observe des vibrations mécaniques à chaque arrêt ou changement de direction du système de positionnement. Ce défaut est contraignant puisqu'il implique de marquer un temps de pause à chaque position intermédiaire, impactant le temps total d'acquisition d'une surface. Le temps moyen d'acquisition a été évalué à 3,1 s par point (hors traitement).

4.1.5.2 Encombrement et sécurisation de l'environnement

En conséquence à la remarque précédente et comme l'atteste la figure 4-1, le système dans son ensemble est très volumineux. La réduction de la fenêtre de mesure permettrait de gagner en compacité mais les éléments du scanner restent encombrants. En effet, la caméra est lourde (5,2 kg) et volumineuse à cause du système de refroidissement qu'elle intègre, tout comme les optiques de focalisation du laser. De plus, la taille de la cellule automatisée impose de multiplier les précautions de sécurité (port de lunettes de sécurité), d'autant plus que la quantité de rayonnement réfléchi est importante sur des pièces spéculaires. A l'image des systèmes existants, l'intérêt d'un système plus compact est qu'il soit facilement transportable et plus maniable.

4.1.5.3 Caméra IR

Un changement de caméra thermique pourrait également avoir une influence positive sur la qualité de la mesure. Comme cela a été démontré suite à la reconstruction d'un plan spéculaire incliné (figure 4-8), la résolution spatiale du capteur utilisé n'est pas suffisante. A partir des résultats du calibrage, la résolution de la mesure en Z peut être évaluée à 0,789 mm par pixel au plan de focalisation de la caméra. L'opération de détection subpixellique comble ce mauvais échantillonnage mais elle implique l'utilisation d'outils de traitement qui peut potentiellement introduire des données fausses, surtout si de l'information est manquante à l'entrée. Une augmentation du nombre de pixels améliorerait manifestement la quantité d'information acquise, donc la précision de la mesure. La solution la plus fiable et la moins coûteuse (voir paragraphe 3.2.2.3) serait d'utiliser une caméra bolométrique, sensible aux ondes longues LW, puisque les capteurs de ce type intègrent plus d'éléments sensibles. Par ailleurs, une mesure dans la bande spectrale [8-13] µm apporterait un second avantage en matière de réponse thermique des métaux. En effet, nous avons vu au chapitre 3 et vérifié expérimentalement sur un acier (figure 3-10) que l'émissivité directionnelle a tendance à augmenter lorsque l'angle d'observation augmente (au-delà de 50°) et cette constatation est vraie seulement pour les grandes longueurs d'onde. La mesure en LW serait donc plus intéressante puisque l'émission de chaleur est plus significative lorsque l'inclinaison de la surface augmente. Cela améliorerait le positionnement du point de chaleur dans l'image et permettrait de limiter les erreurs observées sur des surfaces très inclinées comme les bords du cylindre présenté sur la figure 4-10.

4.1.5.4 Faisceau laser

Du fait de son architecture, une source laser à diodes émet un faisceau qui présente un défaut d'asymétrie ; en effet, le milieu actif est constitué de plusieurs étages de diodes agencées selon une géométrie rectangulaire. La séquence d'images thermiques, dont un extrait est donné sur la figure 4-13, met en évidence ce défaut de forme lorsque le laser est défocalisé. De plus, l'inconvénient de cet agencement est que, suivant le niveau de puissance commandé, le nombre de diodes allumées varie, ce qui modifie la géométrie du faisceau. La seconde remarque tirée de cette séquence d'images est que la taille de la tache augmente rapidement dès lors qu'on s'éloigne du plan focal, autrement dit l'angle de divergence du faisceau laser est grand.

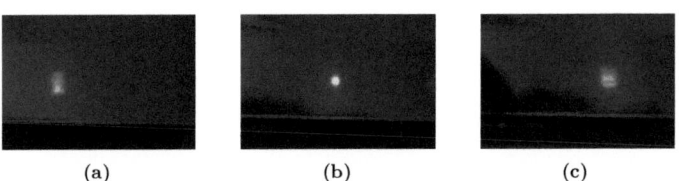

(a) (b) (c)

Figure 4-13 – Images infrarouges issues du calibrage
pour Z=-25mm (a), Z=0mm (b), Z=25mm (c)

Chapitre 4 – Mise en œuvre expérimentale

Pour quantifier précisément le comportement du faisceau laser dans l'espace de mesure, nous avons mesuré directement la distribution d'énergie au point focal de la source. L'instrument de mesure utilisé se base sur une photodiode supportant le rayonnement direct d'un laser, la densité de puissance minimale mesurable étant de 100 W/cm². Un guide d'onde en translation sur un plan perpendiculaire à la direction du rayonnement incident permet d'irradier la diode et de fournir une distribution 2D de l'énergie incidente. Les mesures sont effectuées pour une puissance de 50 W, puissance intermédiaire pour laquelle toutes les diodes générant l'effet laser sont utilisées ; le faisceau mesuré est le plus large que peut fournir la source.

Par sectionnement de l'espace selon l'axe Z, il est possible d'évaluer la forme tridimensionnelle de la caustique, c'est-à-dire l'enveloppe des rayons décrivant le faisceau laser. Les mesures sont réalisées dans une fenêtre de 2mm×2mm par pas de 2 mm en Z et la caustique interpolée est donnée sur la figure 4-14. Cette mesure permet dans un premier temps de réévaluer précisément la position du plan focal du laser. Ensuite, elle permet d'estimer la profondeur de champ du rayonnement, donnée par une distance appelée longueur de Rayleigh. En optique gaussienne, la longueur de Rayleigh Z_R est, à partir du plan focal, la distance pour laquelle la taille du faisceau a été multipliée par $\sqrt{2}$. On considère que, dans cet intervalle, la taille du faisceau reste relativement constante. Dans notre cas, la distance mesurée est $Z_R=10,278$ mm, ce qui reste faible et donc contraignant pour notre application de mesure 3D où la qualité de l'acquisition doit être homogène le long de l'axe Z, axe principal de la mesure.

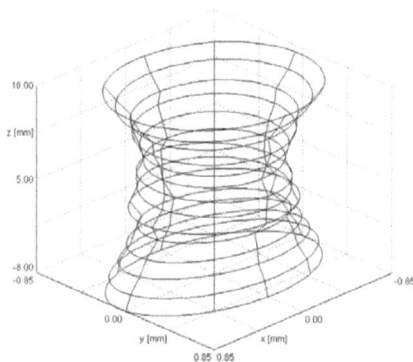

Figure 4-14 – Caustique 3D du faisceau laser

Chapitre 4 – Mise en œuvre expérimentale

La mesure de la distribution d'énergie en 2D (figure 4-15) permet de confirmer les observations faites sur les images infrarouges. Bien que la mesure soit faite au plan focal et en incidence normale, le spot laser a une forme quasiment rectangulaire et la forme du profil d'intensité est loin de la répartition théorique donnée par la loi gaussienne. La dissymétrie observée peut influencer le positionnement de la tache thermique dans l'image suivant l'angle d'incidence du faisceau sur la surface et donc perturber la numérisation 3D.

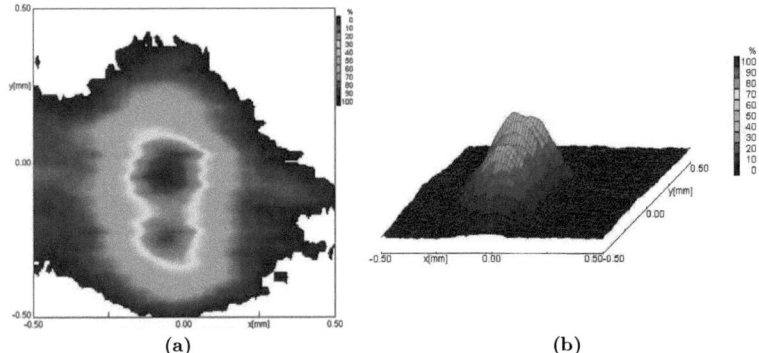

(a)   (b)

Figure 4-15 – Distribution de l'intensité du faisceau laser selon un plan perpendiculaire à la direction d'incidence (a) et profil 3D correspondant (b)

4.2 Optimisation

En se basant sur l'expérience du premier système mis en œuvre et toujours sur l'étude théorique du phénomène physique, un prototype de numérisation 3D plus abouti a été conçu. La principale modification réside dans l'ajout d'une tête galvanométrique permettant d'optimiser le système en matière de vitesse d'acquisition et de compacité tout en conservant la précision du positionnement.

4.2.1 Description du prototype

Une photo du système expérimental dans son ensemble est donnée sur la figure 4-16. Une station de travail permet d'une part de synchroniser l'ensemble du processus d'acquisition (trigger caméra, émission laser, déplacement des miroirs galvanométriques et enregistrement des images) et d'autre part d'exécuter les opérations de traitement des images menant au nuage de points 3D. La section suivante s'attachera à décrire brièvement les éléments matériels du prototype et à

Chapitre 4 – Mise en œuvre expérimentale

justifier les améliorations apportées par chacun de ces éléments dans le cadre de notre application.

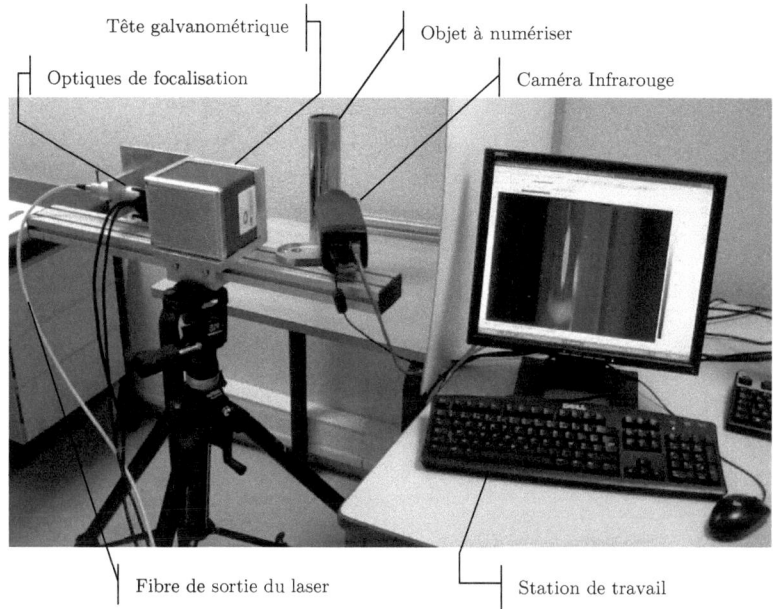

Figure 4-16 – Photo du prototype

4.2.1.1 Tête galvanométrique

Le système de balayage utilisé présente deux atouts majeurs : la rapidité et la précision. Ce genre de système est d'ailleurs typiquement utilisé pour des applications de marquage laser. Il est composé de deux miroirs dont les axes de rotation sont contrôlés par des moteurs piézoélectriques. Ils permettent de déplacer le faisceau laser en translation selon les directions X et Y. Le pas de rotation de ces miroirs est de 0,008° avec une amplitude maximale de 20°. Au point focal, cela équivaut à un intervalle minimal de translation de 50 µm. La vitesse maximale de balayage du faisceau sur une surface plane peut atteindre au maximum 3000 mm.s^{-1}. Grâce à ce système de déviation, le temps moyen d'acquisition observé pendant la numérisation est de 250 ms par point, soit un gain d'un facteur 12 par rapport au système expérimental précédent.

4.2.1.2 Caméra thermique

Nous avons démontré précédemment que l'augmentation de la résolution spatiale de la caméra était une nécessité si l'on souhaite améliorer la précision de la mesure. De plus, l'ajout des miroirs galvanométriques implique que la zone utile de l'image ne se réduit plus seulement à une ligne mais potentiellement à la totalité de la matrice. La caméra que nous utilisons est une caméra à matrice bolométrique, sensible aux ondes longues LW, soit entre 7,5 et 13 µm. Sa résolution est de 640×480, soit quasiment quatre fois plus de pixels que la caméra quantique. La résolution de mesure dans le sens de la profondeur (axe Z), évaluée dans les mêmes conditions que le système précédent, vaut dans cette configuration 362 µm par pixel (contre 789 µm/pixel pour le premier système). Bien sûr, cette précision de mesure ne dépend pas que du nombre de pixels mais de nombreux autres facteurs tels que la focale, l'orientation de la caméra,... En effet, si on augmente l'angle entre l'axe optique de la caméra et le faisceau laser dans sa position d'origine, la précision de mesure selon l'axe Z est meilleure mais la zone de recouvrement entre le champ couvert par le laser et le champ de vue de la caméra est réduite. Nous choisissons dans notre cas un compromis entre ces deux paramètres.

4.2.1.3 Source laser

La qualité du faisceau laser était un point critique impactant directement la qualité des données acquises et donc la précision de la mesure. Deux points à améliorer ont particulièrement retenu notre attention : la technologie de la source et l'optique de focalisation.

La longueur d'onde du laser, que nous avions choisie dans le proche infrarouge, assure un bon « rendement » du processus d'échauffement, en minimisant les pertes par réflexion, c'est pourquoi celle-ci ne sera pas modifiée. La source choisie est un laser à fibre, c'est-à-dire que le milieu amplificateur est une fibre optique dopée avec des ions de terres rares. Dans notre cas, le cœur de la fibre est dopé avec des ions Ytterbium qui permettent la génération d'un rayonnement à 1,07 µm. Le réglage de la puissance délivrée se fait par une commande linéaire de 0 à 50 W. Le principal avantage de ce type de technologie par rapport aux lasers à semi-conducteurs est la qualité optique du faisceau générée. Cette propriété intrinsèque de la source est généralement quantifiée par le coefficient M^2, « facteur de qualité » du faisceau laser[2]. Pour un faisceau parfaitement gaussien, sa valeur tend vers 1. Il ne dépend que des caractéristiques propres du faisceau (sans focalisation), selon la relation :

$$M^2 = \frac{\theta \pi \omega_0}{4\lambda},$$

Équation 4-2

avec θ l'angle de divergence du faisceau, ω_0 son diamètre au col (*waist*) et λ sa longueur d'onde. Le facteur de qualité donné par le constructeur pour le laser à fibre vaut 1,05, assurant ainsi une excellente qualité optique pour notre application. Pour comparaison, nous avions mesuré pour le laser à diodes un facteur M^2 égal à 38.

Le diamètre du faisceau en sortie de source étant relativement large (5mm), une focalisation est indispensable pour obtenir les densités de puissance (puissance par unité de surface) requises par le processus d'échauffement. Un système optique a donc été dimensionné, en fonction des résultats de la modélisation numérique et de l'échantillonnage spatial induit par la caméra. Or, après focalisation, le *waist* ω se calcule par l'expression suivante :

$$\omega = M^2 \frac{4\lambda f}{\pi D},$$

Équation 4-3

où D est le diamètre du faisceau à l'entrée de la lentille de focalisation et f sa distance focale. Il est intéressant de remarquer que le diamètre du faisceau focalisé est inversement proportionnel au diamètre du faisceau d'entrée, ce qui va à l'encontre des lois de l'optique géométrique utilisées classiquement en Vision. En plus de la réduction de la taille du faisceau, une seconde caractéristique doit être obtenue pour notre application : une grande profondeur de champ. Si l'on considère le critère de Rayleigh (facteur de tolérance sur la variation de la taille du faisceau égal à $\sqrt{2}$), on peut démontrer que :

---

[2] L'utilisation de M^2 est généralisée dans le domaine des procédés laser, il est lié au mode transverse du faisceau laser, i.e. à la répartition de l'intensité dans une section transversale au faisceau, idéalement gaussienne.

$$Z_R = \frac{\lambda}{\pi}\left(\frac{2f}{D}\right)^2.$$

Équation 4-4

De la même façon que précédemment, les lois de l'optique gaussienne diffèrent de l'optique géométrique dans le sens où il faut augmenter la focale pour allonger la profondeur de champ (double de la longueur de Rayleigh Z_R). En résumé, ces propriétés nous indiquent qu'il est nécessaire de réduire la taille du faisceau d'entrée et de choisir une grande distance focale pour augmenter la profondeur de champ (équation 4-4), en trouvant le meilleur compromis pour ne pas trop élargir le *waist* (équation 4-3). Le dimensionnement du système optique envisagé est schématisé sur la figure 4-17. Celui-ci est composé d'un télescope (système afocal constitué d'une lentille convergente suivi d'une lentille divergente) qui divise la taille du faisceau par 3, puis d'une lentille convergente de focale 500 mm qui permet d'obtenir un *waist* de 0,44 mm.

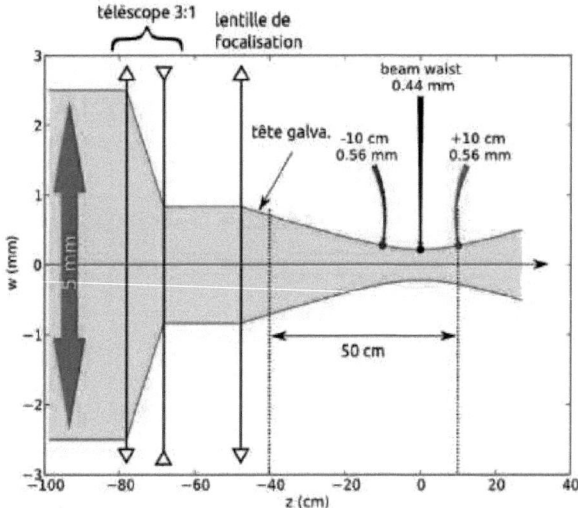

Figure 4-17 – Optiques de focalisation du faisceau

Vue la grande distance focale, les trois lentilles sont disposées avant l'entrée de la tête galvanométrique. Avec une telle configuration, *Z_R=123 mm*, ce qui équivaut à une profondeur de champ totale de 24 cm, fixant ainsi un intervalle de mesure acceptable pour une application tridimensionnelle.

Chapitre 4 – Mise en œuvre expérimentale

4.2.2 Calibrage géométrique

L'utilisation d'un dispositif de balayage du faisceau entraîne un calibrage du système en deux phases : calibrage du système de projection, calibrage du couple laser/caméra. La figure 4-18 schématise le processus d'acquisition des images et le repère associé.

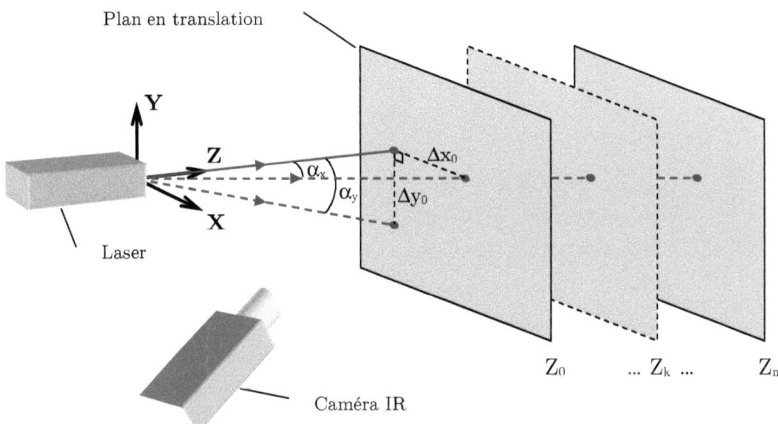

Figure 4-18 – Configuration du processus de calibrage

4.2.2.1 Calibrage du système de projection

Le repère monde est fixé au centre de rotation des miroirs de la tête galvanométrique. Il n'est pas nécessaire de calculer les paramètres intrinsèques du système de projection car les distances focales des lentilles utilisées sont suffisamment grandes, ce qui signifie que les effets de distorsion du faisceau sont négligeables. De plus, on considère que le faisceau laser a une distribution d'énergie gaussienne (le facteur qualité M^2 tend vers 1), c'est-à-dire qu'il existe une symétrie de révolution suivant l'axe Z. En ce qui concerne les paramètres extrinsèques du laser (translation, rotation), le fonctionnement du balayage implique une légère translation du faisceau sur le second miroir, c'est-à-dire du point origine du repère. L'hypothèse sera faite que la translation du faisceau sur le second miroir est négligeable au vu de la grande distance focale (500 mm), on considère donc que le centre de rotation des miroirs reste fixe quelle que soit la position du faisceau. Le calcul des paramètres extrinsèques de la source se réduit donc à la détermination de deux rotations (selon l'axe X et l'axe Y), identifiées sur la figure 4-18 par les angles α_x et α_y pour des déplacements réels du faisceau Δx_0 et Δy_0 sur le plan orthogonal à l'axe Z, à la position $Z=Z_0$. Etant donné l'architecture du système, il existe théoriquement une relation linéaire entre les commandes logicielles *(Xsoft ; Ysoft)* et la rotation du faisceau, définie par le couple *(α_x ; α_y)*, telle que :

$$\begin{cases} \alpha_x = K_x X_{soft} = \arctan\left(\frac{\Delta x_i}{Z_i}\right) \\ \alpha_y = K_y Y_{soft} = \arctan\left(\frac{\Delta y_i}{Z_i}\right) \end{cases}.$$

Équation 4-5

Le calibrage du système de projection consiste donc à déterminer le couple de paramètres *(K_x ; K_y)*. Le calcul de ces paramètres se fait par une mesure de la position de l'impact du laser sur un plan placé à plusieurs positions intermédiaires Z_k connues (10 positions choisies). Afin que la position du faisceau infrarouge soit mesurable, la pièce utilisée est une tôle recouverte d'une couche de peinture, le laser effectue alors un marquage local par ablation de la couche superficielle. La mesure a été effectuée pour *(X_{soft} ; Y_{soft})*$\in$ *[-100 ; 100] mm* et $Z_k \in$ *[300 ; 400] mm*. Nous obtenons alors les relations linéaires permettant de connaître la position intermédiaire *(x_i ; y_i)* de la tache laser sur un plan placé perpendiculairement à l'axe optique du laser (faisceau non dévié) à la coordonnée Z_k, et par conséquent les angles de rotation des miroirs α_x et α_y pour une commande externe *(X_{soft} ; Y_{soft})*. Le calcul de K_x et K_y est obtenu par régression linéaire estimée par minimisation des moindres carrés, à partir de 120 points de mesures pour chaque série. Le coefficient de détermination donne 99% de corrélation dans les deux cas, ce qui confirme par l'expérimentation que la commande de rotation des miroirs est bien linéaire.

Chapitre 4 – Mise en œuvre expérimentale

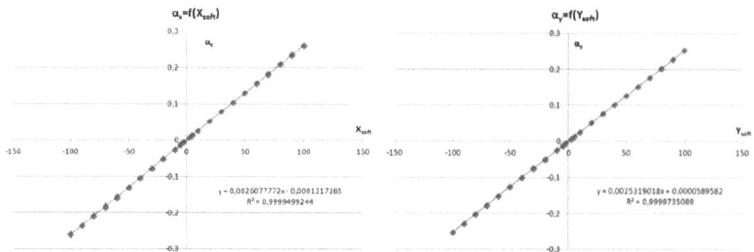

Figure 4-19 – Données de calibrage des miroirs

4.2.2.2 Calibrage du couple laser/caméra

De la même façon que pour le système précédent, nous utilisons le modèle sténopé pour calibrer le système laser/caméra. La détermination des coordonnées 3D n'étant plus réduite à la détermination de la valeur de Z sur une ligne de pixels, la méthode implémentée, plus complexe, est inspirée du modèle proposé par Marzani [116]. La méthode diffère des approches classiques de calibrage dans la mesure où elle ne calcule pas explicitement les paramètres intrinsèques et extrinsèques du système. Comme indiqué sur la figure 4-18, il s'agit de translater k fois un plan perpendiculairement à l'axe optique du laser par pas réguliers de ΔZ. L'orthogonalité n'est pas indispensable mais l'angle doit être connu pour pouvoir calculer les coordonnées dans le repère monde. La méthode repose sur une discrétisation du volume de mesure : une image est prise par la caméra pour chaque position intermédiaire (i,j) du faisceau laser dont on souhaite calculer les paramètres de calibrage, à chaque profondeur Z_k. On obtient alors les coordonnées $(U_{ijk}\,;\,V_{ijk})$ du point de chaleur dans le repère image pour un point de coordonnées connues $(X_{ijk}\,;\,Y_{ijk}\,;\,Z_{ijk})$ dans le repère monde.

La figure 4-20 est la somme des images obtenues pour 225 positions intermédiaires du faisceau laser, chacune étant espacée d'un angle identique de 0,74°. Comme nous avions illustré sur la figure 4-2, lorsque le plan se déplace k fois en translation selon l'axe Z, les intersections entre le rayon laser et ce plan décrivent une droite définie par k points de positions réelles connues. Pour chaque orientation intermédiaire du faisceau laser (ou pour chaque point de la pseudo-grille projetée), il est alors possible de calculer la projection de cette droite dans le repère image, soit la droite épipolaire. Pour une grille de points de taille (M,N), il existe donc un faisceau de M×N droites épipolaires (voir équation 4-6), chacune

Chapitre 4 – Mise en œuvre expérimentale

étant échantillonnée par k points. La figure 4-21 représente l'évolution des coordonnées en pixels dans le repère image des 225 points pour trois positions du plan de calibrage ($k=3$). La droite rouge est la droite épipolaire correspondant au faisceau dans la position *(1,15)*.

$$\Delta_{ij}: V_{ij} = a_{ij}U_{ij} + b_{ij} \; pour \; (i;j) \in (M,N),$$

Équation 4-6

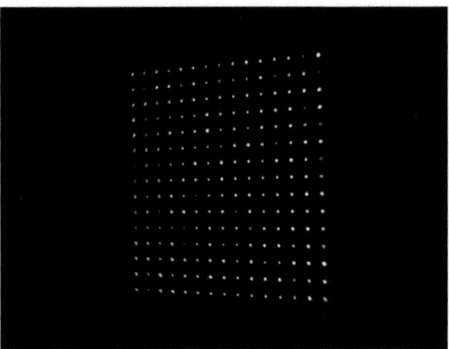

Figure 4-20 – Somme des images obtenues pour un déplacement du faisceau laser selon une matrice de taille (15,15)

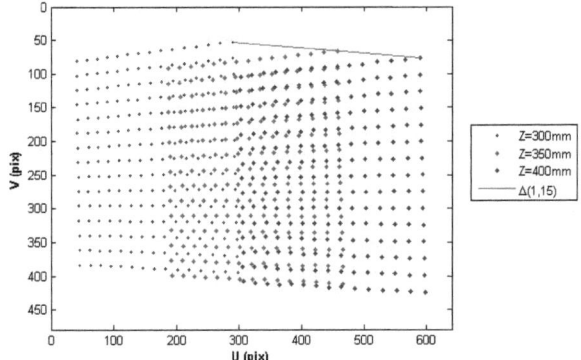

Figure 4-21 – Pseudo-grille de points dans le repère image pour trois positions intermédiaires du plan de calibrage

Chapitre 4 – Mise en œuvre expérimentale

Afin de calculer la transformation du repère image au repère monde, il est nécessaire de connaître, en pixels, la position relative des points de calibrage sur la droite calculée précédemment (connue seulement en mm). Soit D_{ijk} la position relative en pixels sur la droite Δ_{ij} de chaque point de calibrage p_{ijk} définie par :

$$D_{ijk} = \|p_{ijk} - p_{ij0}\|,$$

Équation 4-7

avec p_{ij0} les points obtenus lorsque le plan est placé à sa position d'origine $Z=Z_0$.

Ensuite, pour chaque position (i,j) du faisceau, on peut modéliser le calcul de la coordonnée Z_k en mm en fonction de la distance D_{ijk} en pixels, selon une fonction de la forme de l'équation 4-8 [116]. Les courbes de la figure 4-22 sont les représentations de cette fonction pour trois points de l'exemple précédent, le point situé en haut à gauche de la grille, le point central et le point situé en bas à droite.

$$Z_k = \frac{c_{ij}D_{ijk} + d_{ij}}{e_{ij}D_{ijk} + 1},$$

Équation 4-8

avec c_{ij}, d_{ij}, et e_{ij} des constantes liées aux paramètres extrinsèques du système.

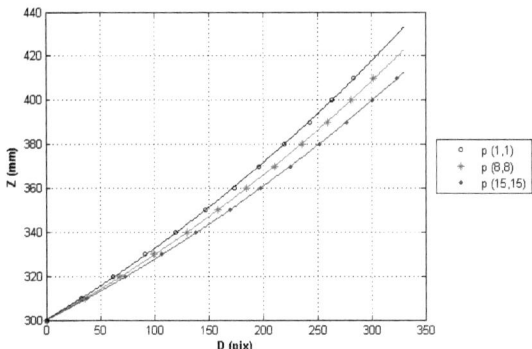

Figure 4-22 – Relation entre la coordonnée Z en mm d'un point dans le repère monde et sa position relative en pixels dans le repère image

En résumé, pour chaque position intermédiaire (i,j) du faisceau laser, le calibrage repose donc sur l'estimation de cinq paramètres $\{a_{ij} ; b_{ij} ; c_{ij} ; d_{ij} ; e_{ij}\}$ liés à la géométrie du système laser-caméra.

4.2.2.3 Interpolation

La principale limitation de la méthode de calibrage est le temps d'acquisition et de calcul qu'elle requière. En effet, le problème de cette technique est qu'elle nécessite une discrétisation complète de l'espace de mesure souhaité. Il est en effet impossible de reconstruire un point 3D à partir d'une position du faisceau laser dont les cinq paramètres de calibrage n'ont pas été calculés au préalable. La simple phase d'acquisition des images de calibrage peut donc devenir coûteuse en temps si on souhaite reconstruire un nuage de points très dense par la suite. Afin d'éviter cette procédure fastidieuse, il est possible de déterminer des données par interpolation. En effet, à l'image de l'équation 4-8 pour la coordonnée Z, les coordonnées X et Y des points dans une image acquise à Z fixe, sont déterminées par une fonction de la même forme, puisque la projection perspective a la même propriété dans les trois directions de l'espace. Ainsi, trois points sont nécessaires dans chaque direction, pour estimer la fonction de passage du repère monde au repère image et interpoler une série de points. La figure 4-23 illustre cette interpolation : pour une position du plan de calibrage donnée, trois points sont conservés selon chaque direction X et Y et la grille complète de 225 points est recalculée par interpolation.

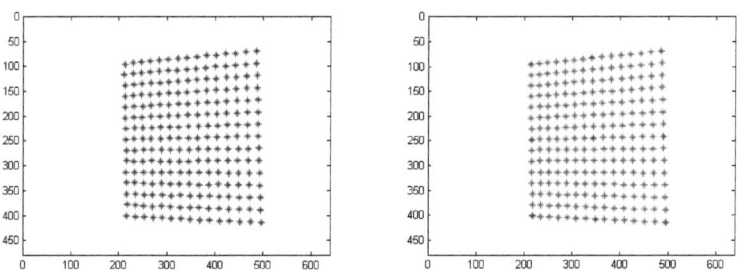

Figure 4-23 – Interpolation des données de calibrage.
A gauche : points mesurés, à droite : points interpolés (en rouge)
à partir de neuf points mesurés (en bleu)

Pour évaluer la robustesse de la méthode d'interpolation, nous mesurons l'écart moyen entre les points interpolés et les points issus des données initiales, pour chaque position du plan de calibrage en Z. Pour l'exemple ci-dessus, cette erreur vaut 0,72 pixels. Le calcul a été renouvelé pour une grille de calibrage beaucoup plus dense (1600 points) et l'erreur moyenne d'interpolation, toujours à partir de 3×3 points initiaux, est très satisfaisante : 0,55 pixels.

4.2.3 Méthode de reconstruction

Connaissant les paramètres de calibrage du système, il est alors possible de reconstruire une surface en 3D si celle-ci est incluse dans l'espace de mesure calibré. L'extraction du point de chaleur dans l'image se fait suivant la méthode proposée dans le paragraphe 4.1.3.2. Une fois que les coordonnées du point p_{ij} sont déterminées dans le repère image, on conserve son projeté orthogonal sur la droite Δ_{ij} correspondante. L'étape suivante est le calcul de la distance D_{ij} entre le point p_{ij} dont on cherche le correspondant 3D dans le repère monde et le point p_{ij0} dont les coordonnées ont été obtenues lors du calibrage, lorsque le laser était dans la même position *(i,j)* et le plan de calibrage à $Z=Z_0$. On en déduit ensuite la coordonnée Z à partir de l'équation 4-8. Les coordonnées X et Y sont alors calculées à partir de la valeur de Z et de la position courante des miroirs galvanométriques, selon les relations suivantes :

$$\begin{cases} X = Z \times tan(K_x X_{soft}) \\ Y = Z \times tan(K_y Y_{soft}) \end{cases}$$

Équation 4-9

Le processus est ensuite répété pour chaque position calibrée du laser afin de décrire la portion de l'objet à numériser, surface visible selon le point de vue considéré.

Chapitre 5   Résultats

La finalité de ce dernier chapitre est de centraliser les résultats obtenus à partir des systèmes expérimentaux décrits dans le chapitre précédent. Des nuages de points 3D avaient été présentés dans la section 4.1.4, pour plusieurs objectifs : démontrer la faisabilité de la technique sur les matériaux métalliques spéculaires, donner une première évaluation de la précision de mesure et identifier les points à améliorer pour la conception du prototype final. A partir de la mise en œuvre de ce dernier, nous avons obtenu plusieurs nuages de points sur des pièces de géométrie et de composition variées. Ces résultats seront exposés dans la première partie de ce chapitre et, en s'appuyant sur des observations empiriques, une discussion des performances du système sera présentée.

Nous avions noté dans le chapitre 2 qu'il existe de nombreuses méthodes d'acquisition de formes, souvent performantes sur un type de surface spécifique (soit diffuse, soit spéculaire,…). Nous montrerons, en nous appuyant sur une série de mesures, que la technique « Scanning from Heating » peut unifier les possibilités de numérisation sur un ensemble de surfaces. Pour ce faire, nous avons étudié l'évolution des performances de numérisation en fonction de la rugosité de la surface. Les résultats et les conclusions que nous pouvons en tirer seront exposés dans la seconde partie de ce chapitre.

5.1 Résultats de numérisation 3D

5.1.1 Nuages de points

La première pièce présentée correspond au cylindre dit « étalon » (voir partie 4.1.4) dont la surface a été préalablement polie afin d'obtenir un aspect miroir. La puissance incidente est réglée à 20 W. La fenêtre de numérisation contient 960 points sur une surface réelle de 80×48 mm. Les résultats sont reportés sur la figure 5-1. La densité de points étant suffisante, la surface maillée est représentée. Afin de suivre la même procédure de comparaison que

Chapitre 5 – Résultats

précédemment, le nuage de points numérisé par SfH est recalé avec la surface de référence obtenue par palpage (MMT). L'erreur moyenne constatée (voir carte de déviation) est de 113 µm. Le rayon du cylindre numérisé est évalué avec une erreur de 51 µm par rapport à la mesure de référence donnée par MMT. Comparée au résultat obtenu par le premier système expérimental, l'erreur a été divisée par 4.

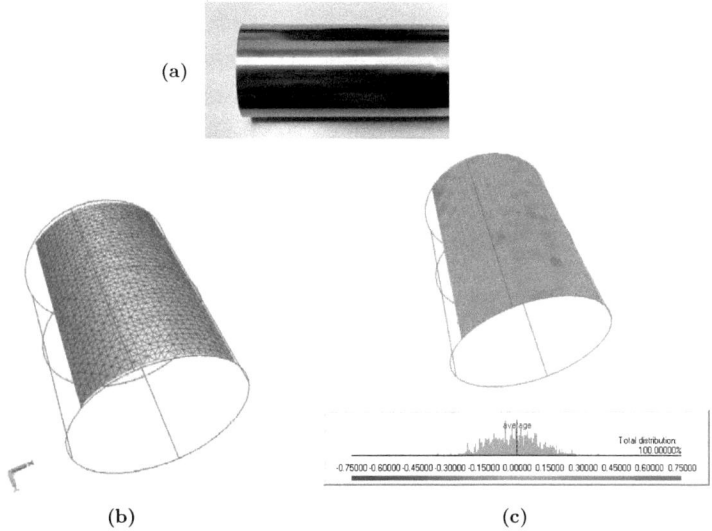

(a)

(b) (c)

Figure 5-1 – Résultat de numérisation sur cylindre spéculaire (a), surface maillée correspondante (b), carte d'erreur (c)

Des pièces de géométries plus complexes ont été numérisées par la suite. Deux exemples de pièces spéculaires sont présentés ci-dessous. Le résultat de la figure 5-2 a été obtenu sur une tôle réflectrice, composant d'une lampe à halogène (partie centrale de l'éclairage sur la photo, figure 5-2-(a)). La puissance utilisée s'élève à 10 W (tôle en acier de faible épaisseur). La fenêtre balayée pour l'acquisition est composée de 1600 points. La carte de déviation résulte de la comparaison entre les points acquis par SfH et ceux obtenus par un scanner à projection de lumière structurée sur la surface poudrée. L'histogramme de la distribution d'erreur donne une déviation moyenne de 431 µm. La figure 5-3 est un résultat d'acquisition sur une cuillère à glace en acier inoxydable. La puissance

106

incidente est réglée à 25 W et le nuage obtenu contient 768 points. L'erreur absolue moyenne calculée sur une surface de référence poudrée est de 143 µm.

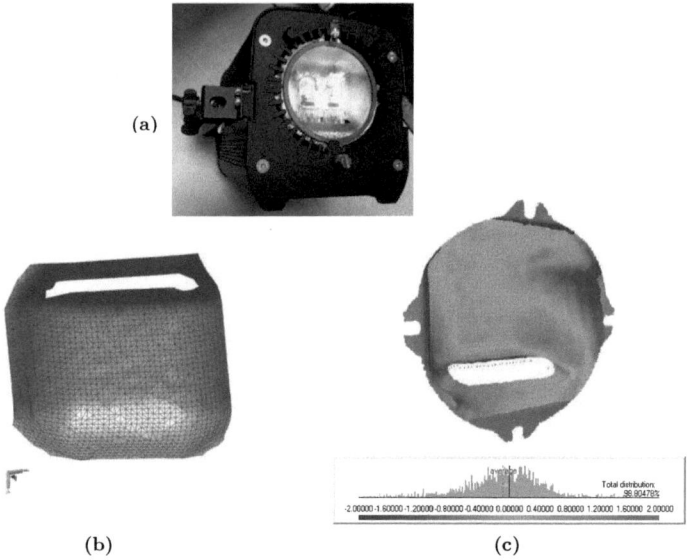

Figure 5-2 – Résultat de numérisation sur un réflecteur (a), surface maillée correspondante (b), carte d'erreur (c)

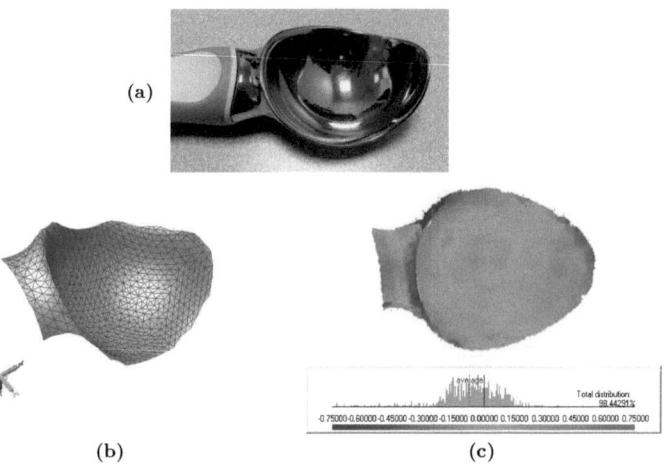

Figure 5-3 – Résultat de numérisation sur une cuillère à glace (a), surface maillée correspondante (b), carte d'erreur (c)

Chapitre 5 – Résultats

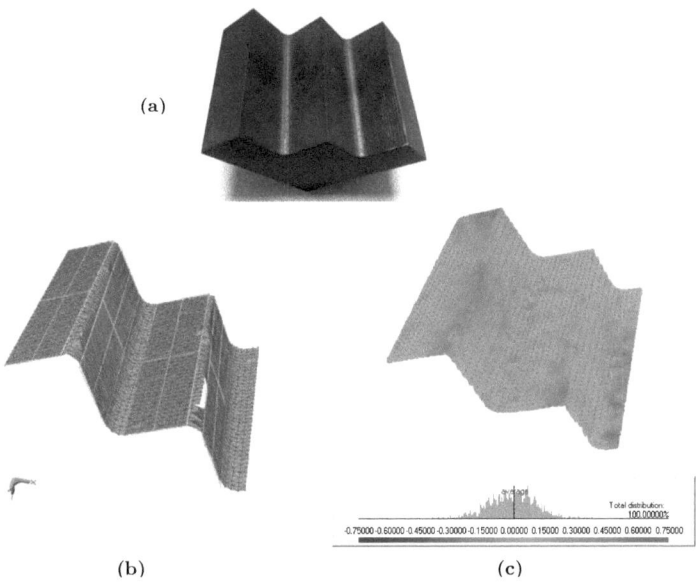

(b)　　　　　　　　　　　　　　　(c)

Figure 5-4 – Résultat de numérisation sur une pièce oxydée (a),
surface maillée correspondante (b), carte d'erreur (c)

L'objet présenté sur la figure 5-4 est une pièce métallique oxydée (couche de calamine due à une trempe dans l'air). Du fait de la très bonne absorption de la couche superficielle, la puissance incidente utilisée pour la numérisation n'est que de 6 W. L'acquisition a requis 1600 positions intermédiaires du faisceau. La distribution d'erreur indique 94 µm de déviation absolue pour 72 µm d'écart-type. L'avantage de la géométrie particulière de cette pièce est qu'elle est constituée de plans orthogonaux. Sur chaque partie plane de la pièce, un plan est recalé avec les points correspondants (illustrations en vert sur la Figure 5-4-(b)) et la déviation est calculée localement. Les résultats sont présentés sur le tableau 5-1 et traduisent ainsi une erreur de planéité. L'erreur moyenne reste faible, par rapport aux résultats obtenus sur des formes plus complexes, et relativement constante sur les quatre plans estimés (60±10 µm). L'angle α entre le plan « fitté » et le plan (yOz) est calculé et l'orthogonalité des faces est vérifiée à 1° près. Ces valeurs donnent une première estimation des performances de notre système de mesure. La section suivante permet d'approfondir cette question et de tester les limites du système d'acquisition.

	μ_{abs} (µm)	σ_{abs} (µm)	α (°)
Plan 1	60	44	-21,5
Plan 2	71	55	67,3
Plan 3	70	57	-21,5
Plan 4	49	45	67,5

Tableau 5-1 – Erreurs de planéité

5.1.2 Evaluation des performances

Afin de caractériser l'erreur de mesure en fonction de la position de la surface scannée dans l'espace de mesure calibré, une plaque métallique en rotation autour de l'axe Y est numérisée. La rotation par pas de 10° a permis de décrire un volume de mesure de 100×85×200 mm, l'ensemble des modèles maillés issus de la numérisation 3D est représenté dans le repère monde sur la figure 5-5.

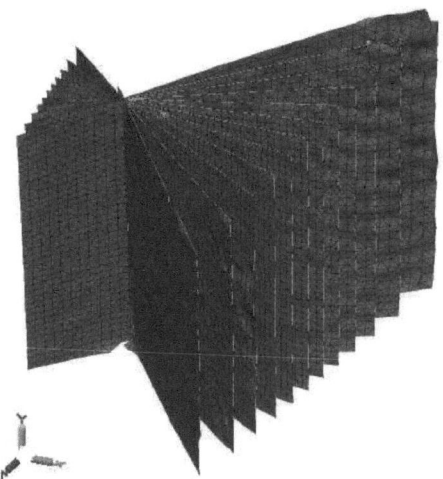

Figure 5-5 – Reconstruction 3D d'un plan en rotation autour de l'axe Y

Chaque plan dans sa position intermédiaire est numérisé avec 1600 points. De la même façon que précédemment, l'erreur de planéité est calculée à partir de chacun des résultats d'acquisition. La figure 5-6 représente l'évolution de cette erreur en fonction de l'angle d'incidence du faisceau laser sur le plan, mesuré par rapport à l'axe Z. Cette erreur reste stable et acceptable (entre 129 µm et 185 µm) pour un plan situé entre -50° et +20°, alors que pour des inclinaisons du plan

Chapitre 5 – Résultats

supérieures à 20°, l'erreur a tendance à augmenter de façon significative. Cette croissance peut s'expliquer par le fait que les angles de déflection du faisceau étant constants, l'espacement entre chaque point projeté sur le plan augmente avec l'angle d'incidence, par conséquent, la surface de mesure s'étend sur l'image thermique. Et, à partir de 30°, certains points de chaleur correspondant à des angles de déflection extrêmes sont très proches du bord de l'image thermique (voir figure 5-7). Nous observons alors une distorsion de la tache thermique qui peut se justifier par une aberration géométrique rencontrée notamment sur des systèmes optiques à bande spectrale large (c'est le cas de la bande LWIR entre 8 et 15 µm) appelée effet « coma », pour « comatic aberration » [**117**]. Une figure de distorsion apparaît lorsqu'un faisceau incident de rayons parallèles est fortement incliné par rapport à l'axe optique des lentilles. Dans ce cas, chacun des rayons ne converge pas vers le même point suivant leur inclinaison à la surface de la lentille. L'image du motif attendu est déformée, ce qui est le cas pour les points situés en bordure de l'image thermique (voir figure 5-7-(a)). La forme de la tache n'est plus elliptique et sa position dans l'image est localisée avec une précision moindre.

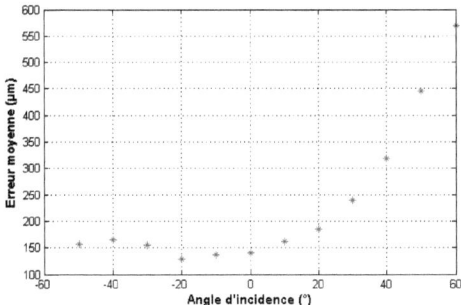

Figure 5-6 – **Erreur moyenne de planéité en fonction de l'angle d'incidence**

La symétrie centrale de la carte de déviation observée sur la figure 5-7-(c) vient renforcer l'hypothèse que l'erreur est due à une aberration optique. Cette observation doit permettre d'ajuster la fenêtre de mesure utile du scanner 3D en supprimant les points aberrants détectés aux bords de l'image. Une optique de meilleure qualité ou bien l'ajout d'un filtre passe-bande permettrait de réduire la bande spectrale et donc ces effets de distorsion. Le problème étant principalement lié à la courbure des optiques, des lentilles asphériques peuvent également être utilisées [**118**].

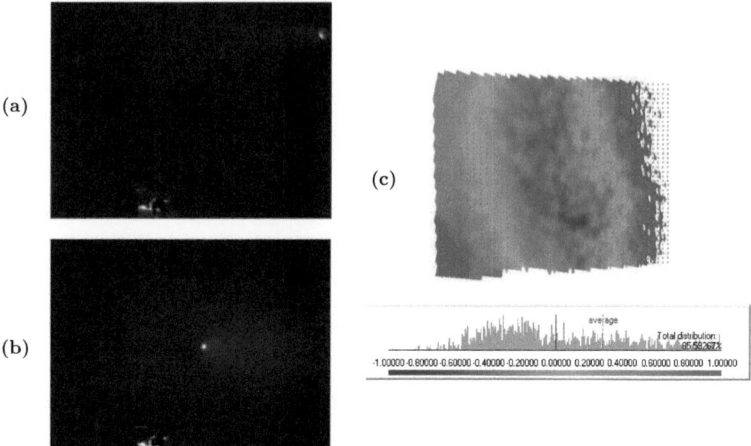

Figure 5-7 – Cas du plan situé à 60°, image IR du point en haut à droite (a), du point central (b) et carte de déviation (c)

5.2 Etude de l'influence de la rugosité

5.2.1 Remarques préliminaires

Comme nous l'avions exposé dans la partie 2.1.4 (chapitre 2), le modèle de réflexion d'une surface dans le visible dépend des irrégularités de surface. Par conséquent, les solutions proposées pour la numérisation de surfaces optiquement non coopératives sont souvent dédiées à un type de surface et manquent de polyvalence. Pour les surfaces opaques, Ihrke et al. [34] définissent dans leur état de l'art plusieurs catégories de surfaces, dont les modèles de réflexion peuvent être schématisés sur la figure 5-8.

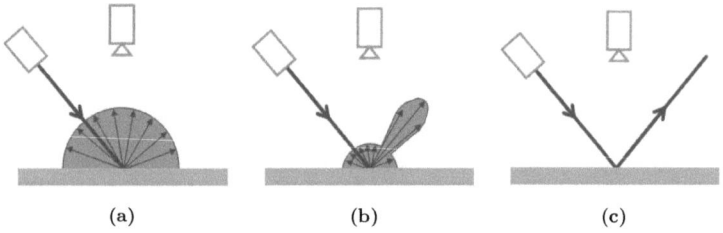

Figure 5-8 – Classification des modèles de réflexion des surfaces opaques : surface lambertienne (a), surface mixte (b), surface spéculaire (c)

Le comportement optique de chacune de ces surfaces implique une réponse différente à chaque système d'acquisition 3D. L'intérêt d'une nouvelle méthode d'acquisition serait de permettre de numériser chacune de ces surfaces avec des performances similaires. Les expérimentations décrites dans la suite de cette partie apportent des réponses à cette question.

L'aspect spéculaire, plus ou moins marqué, conditionne l'appartenance à une des trois catégories de surface suscitées. Selon Nayar, la condition de spécularité est définie en fonction de deux paramètres qui sont la rugosité Ra et la longueur d'onde λ. Des observations empiriques permettent de confirmer cette corrélation. La figure 5-9-(a) [119] illustre l'évolution de la réflectivité bidirectionnelle pour des échantillons de nickel dans la direction spéculaire avec une incidence de 10°. Pour une longueur d'onde donnée, la réflectivité dans la direction spéculaire diminue lorsque la rugosité augmente. Cette remarque rejoint l'observation que nous avions faite expérimentalement sur la figure 2-10 et confirme que l'aspect spéculaire ou diffus d'une surface peut être quantifié par la rugosité. Ensuite, pour un état de surface donné, on constate que l'intensité du rayonnement réfléchi spéculairement augmente avec la longueur d'onde. L'aspect de surface n'est en effet pas une propriété intrinsèque au matériau mais dépend de la longueur d'onde de travail. Il conviendra donc pour l'expérimentation envisagée de choisir des surfaces dont les valeurs de rugosité varient suffisamment autour de la longueur d'onde de travail, si l'on souhaite définir des surfaces diffuses et spéculaires.

Les conséquences de ces remarques sont directes en ce qui concerne l'interaction thermique. En effet, la loi du rayonnement de Kirchhoff indique qu'un bon récepteur est un bon émetteur. La figure 5-9-(b) [120] montre les effets combinés de la rugosité et de la longueur d'onde sur l'émissivité spectrale normale. Pour l'exemple du tungstène, les variations d'émissivité en fonction de la rugosité sont plus importantes aux courtes longueurs d'onde. Cela implique qu'il est préférable d'utiliser un détecteur sensible aux ondes courtes, quelle que soit la rugosité de la surface. Malgré tout, pour des surfaces dont la condition de spécularité de Nayar est vérifiée ($\frac{Ra}{\lambda} < 0,027$), la proportion d'énergie émise reste non négligeable et supérieure à 10%, même pour des grandes longueurs d'onde d'observation.

Chapitre 5 – Résultats

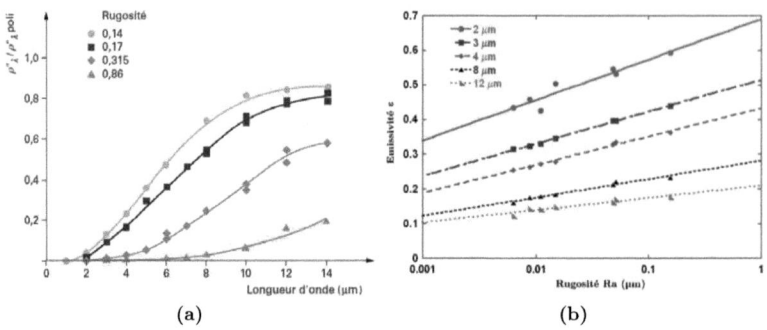

(a)   (b)

Figure 5-9 – Réflectivité bidirectionnelle du nickel dans la direction spéculaire (a) et émissivité spectrale normale du tungstène (b) en fonction de la longueur d'onde et de la rugosité

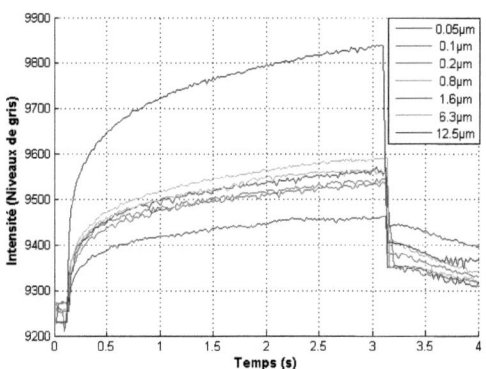

Figure 5-10 – Réponse thermique en fonction de la rugosité

Nous avons cherché à observer si ces variations sont significatives à partir des mesures faites par notre système expérimental. Pour ce faire, nous utilisons le premier système mis en œuvre, décrit sur la figure 4-1. Une plaque de surfaces techniques étalonnées est utilisée pour la manipulation (comparateur de rugosité « Rugotest », certifié par le LEA-CEA). Les valeurs de la rugosité moyenne Ra varient de 0,05 à 12,5 µm. Sur chaque élément de rugosité connue, la réponse thermique à un tir laser de 18 W (en incidence normale) est enregistrée dans une séquence de 200 images IR, acquises à 50 Hz. Les mesures sont reportées sur la figure 5-10. Les courbes conservent la même allure, indépendamment de la rugosité. Cependant, la valeur asymptotique du niveau d'intensité émise, atteint à la fin de l'échauffement, est variable. La mesure thermique étant réalisée dans le proche infrarouge, la variation d'intensité est plus significative pour des grandes valeurs de rugosité, comme indiqué sur la figure 5-9-(a). En revanche, cette observation est beaucoup moins marquée lorsque la rugosité diminue, c'est-à-dire quand l'aspect spéculaire augmente. En résumé, la rugosité d'un métal va influencer la proportion de rayonnement émis, et cette influence dépend de la longueur d'onde. Dans le cas de notre système de numérisation, les variations d'émissivité ne semblent pas significatives pour la longueur d'onde du rayonnement incident.

Par ailleurs, dans le cas d'un système conventionnel, la direction de réflexion est fortement influencée par la rugosité ; nous allons donc vérifier, dans le cas de notre méthode infrarouge, si la distribution angulaire de l'émission est influencée par la rugosité.

5.2.2 Méthodologie de la mesure

L'idée sous-jacente aux expérimentations menées est de proposer des mesures comparatives, relatives à ce qu'obtiendrait un scanner conventionnel dans les mêmes conditions d'acquisition, sur des échantillons d'états de surface différents.

Les échantillons que nous choisissons sont huit cylindres en acier AISI 316L, acier au molybdène dont la teneur en carbone est faible, offrant ainsi une très bonne résistance à la corrosion. Ces pièces sont de géométrie identique mais de rugosités différentes (voir figure 5-11-(a)). Grâce à plusieurs techniques de polissage mécanique et électrolytique, les valeurs de *Ra* obtenues s'étalent de 0,18 µm (surface électro-polie) à 2,035 µm (surface microbillée). Comme indiqué dans le paragraphe précédent, plus la rugosité est faible par rapport à la longueur d'onde, plus la surface est considérée comme spéculaire. La variation de rugosité obtenue est donc suffisamment large autour de la longueur d'onde de travail (0,808 µm) pour que l'on puisse considérer que les surfaces définies sont diffuses et spéculaires.

Trois systèmes de numérisation sont utilisés pour l'acquisition de chacun des échantillons : une Machine à Mesurer Tridimensionnelle par palpage (MMT, figure 5-12-(a)) qui donnera le nuage de points de référence pour la comparaison, un scanner conventionnel à projection de lumière structurée (Comet V de Steinbichler, figure 5-12-(b)) et notre système basé sur le SfH (figure 5-12-(c)). La méthode de comparaison repose sur le calcul de l'erreur de mesure, d'une part entre notre méthode et la référence MMT et d'autre part entre la méthode conventionnelle et la référence MMT.

(a) (b)

Figure 5-11 – Echantillons de l'étude (a) et disposition expérimentale (b)

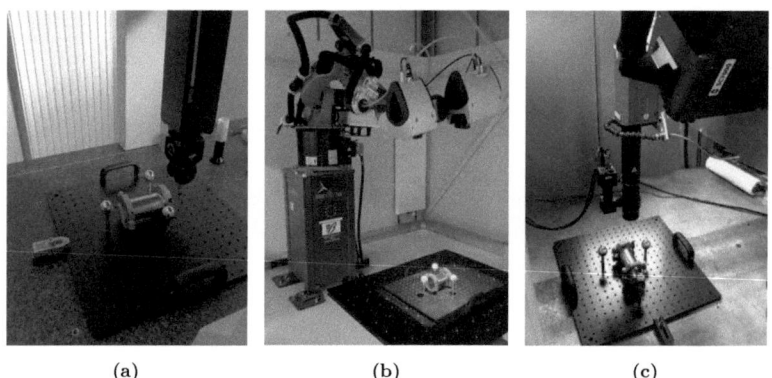

(a) (b) (c)

Figure 5-12 – Les trois systèmes d'acquisition dédiés
à la comparaison des résultats sur chaque échantillon :
MMT (a), scanner à projection de franges (b), scanner basé SfH (c)

Pour comparer les résultats obtenus, nous ne cherchons pas à recaler le nuage de points mesuré avec celui de référence, tel que cela a été fait sur les cartes de déviation présentées au début de ce chapitre. En effet, l'erreur systématique n'est pas prise en compte dans ce cas, car celle-ci tend vers zéro du fait de l'algorithme de recalage. Afin de pallier ce manque, la pièce est bridée dans un repère fixe avant la série de trois acquisitions (voir figure 5-11-(b)). Trois sphères en aluminium de dimensions identiques sont numérisées en même temps que le cylindre. Le calcul des coordonnées des centres de chaque sphère donne trois points qui constituent un plan de référence. Ces trois points seulement sont utilisés pour le recalage des données, et la déviation est ensuite calculée sur les points numérisés du cylindre. Comme l'indique la photo de la figure 5-11-(b), l'ensemble des éléments est fermement bridé sur une table optique amovible de telle sorte qu'il n'y ait aucun déplacement relatif des éléments entre chaque acquisition. Pour l'acquisition avec le système conventionnel, les sphères en aluminium étant spéculaires, celles-ci sont préalablement poudrées pour maximiser la précision du calcul de leurs positions relatives.

5.2.3 Résultats

Un exemple de résultat comparatif est donné sur la figure 5-13 et correspond à la numérisation d'un cylindre intermédiaire du panel d'échantillons (Ra=1,35 µm).

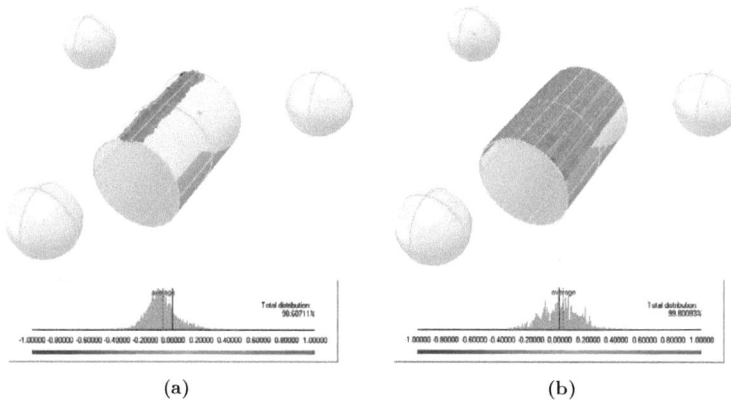

(a)   (b)

Figure 5-13 – Déviations mesurées entre la numérisation par scanner conventionnel et la référence MMT (a) et entre la numérisation par SfH et la référence MMT (b) pour un échantillon de rugosité Ra=1,35 µm

Plusieurs remarques immédiates peuvent être faites, à partir de l'observation de ces cartes de déviation. Pour cet exemple, l'erreur systématique (voir erreur moyenne sur les histogrammes) est plus importante pour le cas de la surface numérisée par le scanner conventionnel (-79 µm) que pour le SfH

(+24 µm). Cette différence peut s'expliquer par le fait que la zone acquise correspond à la surface perpendiculaire à la prise de vue qui, par conséquent, provoque la saturation du capteur. L'écart-type indique que la distribution d'erreur est plus étendue pour le système visible (282 µm contre 158 µm). Néanmoins, plusieurs modes apparaissent dans l'histogramme des erreurs calculées par SfH, et peuvent être le résultat de plusieurs facteurs, parmi ceux qui ont été identifiés dans la section 4.1.5 : vibrations mécaniques, asymétrie de la distribution d'énergie, faible résolution du capteur,... Comme cela était attendu, la différence la plus visuelle sur la figure 5-13 concerne l'étendue du nuage de points. Sur l'exemple donné, les points de la surface sont calculés jusqu'à une inclinaison maximale du rayonnement incident de 62,2° par rapport à la normale contre seulement 10,8° pour le système visible. Chacun de ces critères est analysé en fonction de la rugosité dans les paragraphes suivants.

5.2.3.1 Distribution d'erreur

A la différence de la carte de déviation présentée ci-dessus, les données d'erreur sont comparées en valeur absolue, mais le comportement est identique si les distances sont signées. L'erreur moyenne sur les huit échantillons est de 154 µm avec notre système et de 174 µm avec le scanner conventionnel et évolue peu en fonction de la rugosité. En ce qui concerne l'écart-type de la distribution d'erreur, on remarque des différences notables entre les deux systèmes. Le tableau 5-2 liste les écarts-types obtenus sur chaque distribution d'erreur en fonction des échantillons, référencés par ordre décroissant de rugosité (du plus diffus au plus spéculaire). Les valeurs de rugosité arithmétique Ra sont déterminées à partir de la moyenne de cinq mesures effectuées successivement à l'aide d'un rugosimètre.

Ref	Type d'usinage	Ra (µm)	σ(SfH-MMT) (mm)	σ(Comet-MMT) (mm)
1	microbillé	2,035	0,226	0,202
2	microbillé-électropoli	1,544	0,140	0,275
3	prépa. mécanique	1,353	0,109	0,315
4	prépa. mécanique 2	0,404	0,156	0,438
5	décapé-passivé	0,301	0,134	0,335
6	électro-poli phase 1	0,255	0,132	0,385
7	électro-poli phase 2	0,226	0,145	0,375
8	électro-poli phase 3	0,182	0,209	0,381

Tableau 5-2 – Ecarts-types des distributions d'erreur de chaque système

Nous obtenons avec le prototype SfH σ=156 μm en moyenne sur les 8 échantillons contre σ=338 μm pour le scanner conventionnel. L'évolution en fonction de la rugosité est présentée sur la figure 5-14. Pour le système visible, l'erreur a donc tendance à se disperser lorsque la rugosité diminue (l'aspect spéculaire augmente), ce qui n'est pas vrai pour le système infrarouge. On remarque par ailleurs une certaine stabilité dans les mesures avec notre méthode puisque la variation maximale de σ est de 117 μm contre 235 μm avec le système conventionnel.

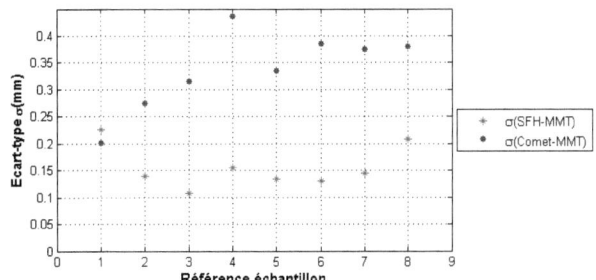

Figure 5-14 – Evolution des écarts-types avec la rugosité

5.2.3.2 Etendue de la surface acquise

Comme cela a été identifié sur l'exemple de la figure 5-13-(a), l'étendue de la surface numérisée diffère entre les deux acquisitions. Un moyen de quantifier cette différence est d'évaluer l'angle d'incidence maximal permis par la numérisation. Cet angle α_{max} est l'angle estimé entre la direction d'incidence du faisceau laser et la normale. Son évolution en fonction de la rugosité est donnée dans le tableau 5-3 et représentée sur la figure 5-15. Pour le système conventionnel, le meilleur des cas apparaît logiquement lorsque la surface est la plus diffuse et l'angle d'incidence atteint 28,6°. A l'inverse, l'échantillon le plus réfléchissant admet un angle d'incidence maximal de 6,2°, ce qui correspond à une surface couverte de seulement 5,5 mm de large (le diamètre du cylindre étant de 51 mm). Avec la technique « Scanning from Heating », on observe à nouveau une relative stabilité en fonction de la rugosité (figure 5-15), la valeur moyenne se situe à 63°.

Chapitre 5 – Résultats

Ref	Ra (μm)	α_{max} (SfH)	α_{max} (Comet)
1	2,035	69,8°	28,6°
2	1,544	55,3°	26°
3	1,353	62,2°	10,8°
4	0,404	62,2°	8,5°
5	0,301	65,3°	14,6°
6	0,255	61,6°	8,2°
7	0,226	62,2°	7,9°
8	0,182	62°	6,2°

Tableau 5-3 – Angles d'incidence maximaux de la numérisation

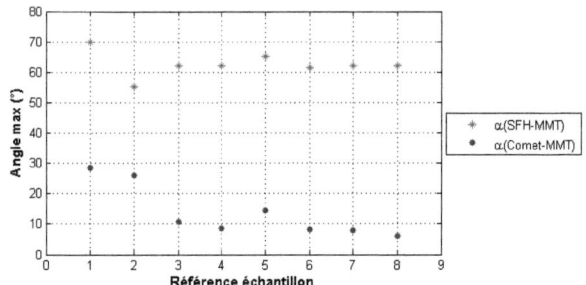

Figure 5-15 – Evolution de l'angle maximal avec la rugosité

5.2.3.3 Estimation du diamètre

L'observation qui suit est une conséquence directe de la variation de la surface couverte par la numérisation. Sur des pièces de forme cylindrique telles que nos échantillons, une application de la numérisation 3D peut être de mesurer le diamètre. Le diamètre moyen est calculé sur l'ensemble des points numérisés de chaque échantillon. La valeur de référence est donnée par la MMT, les erreurs relatives à cette valeur pour chacun des systèmes sont comparées dans le tableau 5-4. Dans le cas des acquisitions faites par le scanner Comet, l'algorithme de recalage d'un cylindre au nuage de points renvoie principalement des valeurs aberrantes à cause du faible recouvrement des points sur la surface réelle. Bien que la mesure du diamètre rend majoritairement une valeur par défaut pour le SfH, l'estimation se fait en moyenne à -245 μm près, contre -3,952 mm pour le système conventionnel.

119

Ref	Ra (µm)	$\varnothing_{MMT}$ (mm)	$\varnothing_{Comet}$-$\varnothing_{MMT}$ (mm)	$\varnothing_{SFH}$-$\varnothing_{MMT}$ (mm)
1	2,035	51,129	0,058	0,244
2	1,544	51,086	1,319	0,084
3	1,353	50,875	-7,269	-0,248
4	0,404	50,886	-	-0,229
5	0,301	51,164	-4,014	-0,654
6	0,255	51,133	-1,279	-0,595
7	0,226	50,972	-5,284	-0,347
8	0,182	50,949	-11,197	-0,214

Tableau 5-4 – Erreurs sur la mesure du diamètre

5.2.3.4 Application industrielle

Les résultats de la figure 5-16 correspondent à la problématique industrielle réelle d'un équipementier automobile qui souhaite numériser des réflecteurs de feux de voiture en fin de production. Deux pièces de même forme sont proposées : une pièce en acier « brut » et une seconde pièce, identique à la première, sur laquelle un dépôt de couche mince d'alumine est ajouté pour obtenir un aspect spéculaire. La mesure par un rugosimètre donne respectivement : *Ra=1.066 µm* et *Ra=0.094 µm*. La forme étant relativement complexe, l'acquisition de la surface de référence n'est pas réalisée par palpage mais grâce au scanner Comet sur les pièces préalablement matifiées. L'erreur moyenne mesurée sur le réflecteur brut est de 135 µm et de 235 µm sur le réflecteur spéculaire. D'après la cartographie des erreurs, la mesure est moins précise lorsqu'on approche des bords du réflecteur, comme pour la plupart des zones très courbées (voir exemple de la figure 5-3). La difficulté de ce cas particulier réside dans le fait que la pièce spéculaire est recouverte d'une couche anticorrosion en polymère qui nous contraint à limiter la puissance du laser (risque de détérioration). Du fait de la faible épaisseur de cette couche (≈ 140 µm), le rayonnement transmis puis réfléchi sur la surface spéculaire implique des pertes plus importantes que sur la surface diffuse. La puissance du laser utilisée est identique (20 W), ce qui complique la détection du point de chaleur et explique l'erreur plus importante sur le réflecteur spéculaire.

Les histogrammes de la figure 5-16 indiquent une différence sur l'écart-type de la distribution d'erreur : σ_{brut}=*169 µm* et $\sigma_{spéculaire}$=*250 µm*. Pour la pièce spéculaire, la distribution d'erreur reste en tout cas nettement moins étendue que celles qui sont obtenues par le scanner conventionnel (voir tableau 5-2), sur des pièces dont la valeur de *Ra* est pourtant le double. De plus, la taille du nuage de points 3D acquis ne varie pas entre la surface diffuse et la surface spéculaire, à la différence d'un système fonctionnant dans le visible (voir figure 2-13). Les nuages de points présentés ont été obtenus selon une seule direction d'acquisition, là où un nombre de prises de vues significatif serait nécessaire pour un système conventionnel.

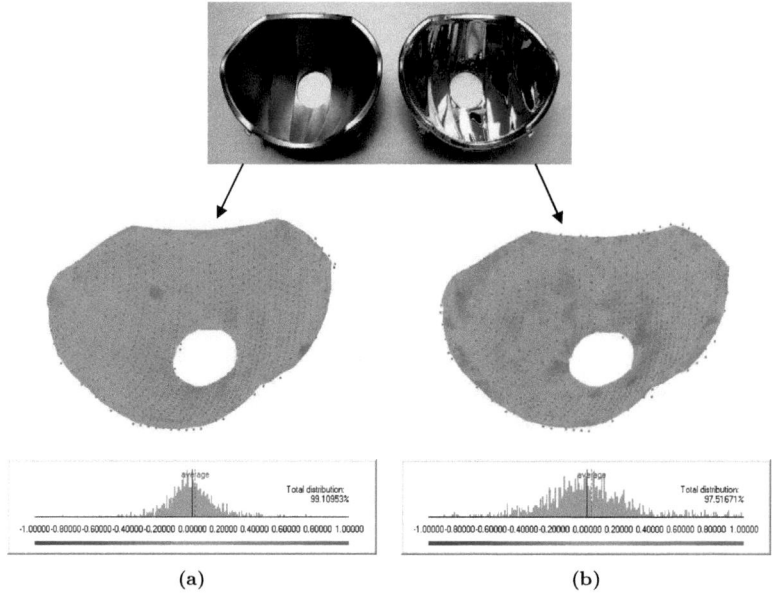

Figure 5-16 – Comparaison des résultats de numérisation 3D sur une pièce mixte (a) et sur une pièce spéculaire (b)

5.2.4 Conclusion

Nous avons démontré dans un premier temps l'efficacité de notre méthode de numérisation 3D à partir d'un prototype de mesure dont le balayage repose sur deux miroirs galvanométriques. Certaines caractéristiques intrinsèques au système, telles que l'élargissement de la bande spectrale de mesure et de la zone utile dans le repère image, impliquent de restreindre l'espace de mesure à cause de l'apparition d'aberrations géométriques. Néanmoins, par rapport au premier système expérimental mis en œuvre, nous soulignons un gain substantiel quant à la vitesse, la résolution de la mesure et la compacité du système.

Dans une seconde partie, les résultats présentés dans ce chapitre mettent en évidence la polyvalence de notre technique. A la différence d'autres méthodes expérimentales qui ne s'accordent généralement qu'avec un type de surface, le système que nous proposons peut fonctionner avec des performances similaires sur des surfaces diffuses, mixtes ou spéculaires (figure 5-8). Afin de vérifier cette invariance, nous avons comparé les résultats de numérisation 3D avec les résultats obtenus par un système conventionnel actif sur des surfaces de géométries identiques mais de rugosités variables, la rugosité étant directement liée à l'aspect spéculaire de la surface. Il apparaît clairement que lorsque l'état de surface devient de plus en plus lisse, l'efficacité du scanner visible est rapidement mise en défaut alors que les performances de notre système infrarouge sont très peu influencées. Cette constatation a pu être vérifiée pour trois critères : la dispersion statistique, la surface couverte par la numérisation et l'estimation du diamètre des cylindres.

Chapitre 6   Conclusion et perspectives

6.1 Conclusion générale

Ces travaux de thèse permettent de lever un verrou technologique lié à la numérisation tridimensionnelle de surfaces spéculaires. Du fait que la technique utilisée a été initialement développée pour les surfaces transparentes, l'objectif de son extension est la recherche de polyvalence, l'élargissement du champ d'application de la mesure 3D sans contact. Le raisonnement entrepris pour parvenir à remplir ces objectifs a été présenté dans ce manuscrit.

Dans un premier temps, la problématique initiale a été identifiée à partir de l'état de l'art des méthodes d'acquisition dites « conventionnelles », tout en s'appuyant sur les modèles de réflexion de la lumière présentés dans la littérature des années 1960. Nous exposons ensuite quelques solutions expérimentales développées pour traiter le cas des surfaces spéculaires. Le champ d'application de ces méthodes restant limité, nous nous intéressons ensuite aux méthodes qui utilisent l'interprétation du rayonnement non inclus dans le spectre visible. Parmi ces techniques, certaines utilisent le domaine d'interaction thermique pour des applications de contrôle non destructif, mais pas nécessairement pour extraire une information 3D, et encore moins sur des matériaux spéculaires. Une solution basée sur l'émission du rayonnement thermique s'avère judicieuse car elle permet d'éviter les problèmes de forte réflectivité. Dans cette optique, nous présentons la technique « Scanning from Heating » et le challenge lié à son extension aux surfaces spéculaires.

La première étape de validation de l'idée consiste à poser le problème sous forme de modèle théorique. Dans le chapitre 3, nous avons défini le phénomène physique mis en jeu par le processus d'interaction rayonnement-matière. Les lois classiques du rayonnement thermique ont permis de formaliser le problème sous forme d'équations aux dérivées partielles. Les propriétés thermo-physiques et radiatives mises en jeu dans ces équations sont détaillées afin de prédire le fonctionnement du processus d'échauffement, et d'aider au choix des éléments du

Chapitre 6 – Conclusion et perspectives

système. La résolution du problème par la méthode des éléments finis a ensuite apporté les éléments de réponse manquants pour la détermination des réglages du système.

L'étude théorique a permis d'atteindre un jalon indispensable avant la mise en œuvre d'un premier système expérimental. Sur ces bases, les expérimentations ont été réalisées à partir de deux systèmes, présentés dans le chapitre 4. Le premier dispositif est basé sur une caméra MW (Mid-Wave), un laser à diodes et une plateforme de déplacement automatisée. Les méthodes de calibrage et de reconstruction 3D sont détaillées. Des résultats de numérisation sur des formes simples permettent de justifier le choix de certains outils pour la détection du point de chaleur dans l'image. La faisabilité de la technique est ensuite démontrée sur d'autres matériaux métalliques ainsi que sur des formes plus complexes. Cependant, l'architecture du système entraîne un certain nombre d'inconvénients qui limitent l'efficacité du processus. L'analyse des premiers résultats et une mesure directe du rayonnement émis par le laser justifient l'intérêt de développer une nouvelle solution. Le prototype final ainsi développé est composé d'une source laser à fibre, d'une caméra LW (Long-Wave) et d'un dispositif de balayage galvanométrique. Le processus d'acquisition étant différent du système précédent, nous utilisons une méthode de calibrage distincte et proposons une solution d'interpolation robuste pour faciliter son utilisation et augmenter la densité de l'espace de mesure.

Dans le dernier chapitre, les résultats de numérisation 3D obtenus à partir du système amélioré sont présentés. Les erreurs moyennes mesurées sont au plus du même ordre de grandeur qu'avec le dispositif initial, la vitesse de mesure est augmentée considérablement ainsi que la résolution spatiale, et la compacité de l'ensemble est accrue. Les résultats présentés dans ce chapitre permettent également de répondre à un objectif initialement fixé : élargir le champ d'application de la numérisation 3D. En effet, nous avons montré que l'extension aux matériaux métalliques proposée dans cette thèse ne se réduit pas seulement à l'acquisition de surfaces spéculaires, mais aussi à l'acquisition de surfaces mixtes ou diffuses. Pour ce faire, une évaluation des performances a été réalisée sur un panel d'échantillons de rugosité variable. La comparaison des résultats avec ceux obtenus par un scanner conventionnel à projection de lumière structurée met en évidence l'efficacité de la technique et sa robustesse vis-à-vis de la spécularité de la surface.

A partir d'une validation théorique puis expérimentale, nous avons démontré par ces travaux qu'il est possible de numériser des surfaces métalliques, spéculaires ou non, en utilisant une méthode d'imagerie infrarouge active, appelée « Scanning from Heating ». Aujourd'hui, notre méthode permet en quelque sorte d'unifier les possibilités de numérisation 3D sur un certain nombre de surfaces, y compris les surfaces non coopératives comme les surfaces transparentes et spéculaires.

Les surfaces parfaitement spéculaires pour tout rayonnement incident peuvent, en revanche, constituer une limitation pour notre technique. Si l'absorptivité est nulle (cas théorique inexistant dans la nature), il sera en effet théoriquement impossible d'échauffer la surface au moyen d'un rayonnement incident. Dans le cas d'un matériau hétérogène, présentant des zones de compositions différentes, la réponse thermique à une même intensité de rayonnement incident peut différer et altérer les résultats de numérisation. Dans ce cas, une procédure d'auto-adaptation de la puissance du laser pourrait être nécessaire.

6.2 Publications

Les travaux présentés dans ce manuscrit ont fait l'objet de plusieurs publications, listées ci-dessous.

- **Revues :**
  - *"3D Scanning of specular and diffuse metallic surfaces using an infrared technique"*, Alban Bajard, Olivier Aubreton, Youssef Bokhabrine, Benjamin Verney, Gonen Eren, Aytul Erçil, Frédéric Truchetet, SPIE Optical Engineering 51(6), 063603 (June 04, 2012).
  - *"Infrared system for 3D scanning of metallic surfaces"*, Olivier Aubreton, Alban Bajard, Benjamin Verney, Frédéric Truchetet, SPRINGER Machine Vision and Applications, 2012 (accepté).
  - *"Non Conventional Imaging Systems for 3D Digitization of transparent and/or specular manufactured objects"*, Fabrice Mériaudeau, Alban Bajard, Olivier Aubreton, David Fofi, Olivier Morel, Christophe Stolz,

Frédéric Truchetet, Computers In Industry – ELSEVIER Science Journal, 2012 (soumis).

- **Conférences nationales et internationales :**
  - *"3D shape extraction of internal and external surfaces of glass objects"*, Alban Bajard, Olivier Aubreton, Frédéric Truchetet, SPIE Electronic Imaging, San Francisco, February 2013.
  - *"Application du Scanning from Heating à la numérisation 3D de surfaces métalliques spéculaires"*, Alban Bajard, Olivier Aubreton, Gonen Eren, Frédéric Truchetet, ORASIS, Congrès des jeunes chercheurs en Vision par Ordinateur, Praz-sur-Arly, France, Juin 2011.
  - *"3D Digitization of Metallic Specular Surfaces using Scanning from Heating Approach"*, Alban Bajard, Olivier Aubreton, Gonen Eren, Pierre Sallamand, Frédéric Truchetet, SPIE Electronic Imaging, San Francisco, January 2011.
- **Workshops :**
  - *"Numérisation 3D de surfaces métalliques spéculaires et diffuses par imagerie infrarouge active"*, Alban Bajard, Olivier Aubreton, Frédéric Truchetet, Journées Imagerie Optique Non Conventionnelle, GdR ISIS, Mars 2012.
  - *"Scanning from Heating : extension pour la numérisation 3D de surfaces métalliques spéculaires"*, Alban Bajard, Olivier Aubreton, Gonen Eren, Frédéric Truchetet, Forum des Jeunes Chercheurs, Juin 2011, Dijon, France.
- **Chapitre de livre :**
  - *"3D Scanning of Transparent Objects by means of Non Conventional Imaging Techniques"*, Fabrice Mériaudeau, Rindra Rantoson, Gonen Eren, Luis Alonzo Sanchez Secades, Alban Bajard, Olivier Aubreton, Mathias Ferraton, David Fofi, Iqbal Mohammad, Olivier Morel, Christophe Stolz, Frédéric Truchetet, IGI Global, Depth Map and 3D Imaging Applications: Algorithms and Technologies, 2011.

6.3 Perspectives

Plusieurs projets de travaux futurs peuvent être envisagés pour donner suite à cette thèse.

La première perspective est inhérente à l'utilisation du système galvanométrique. La grande vitesse de rotation des miroirs permettrait en effet de mettre en œuvre un système d'acquisition basé sur la projection de lumière structurée (ligne, motif 2D). Pour y parvenir, un ajustement doit être trouvé entre les propriétés thermo-physiques du matériau, la vitesse de balayage, le temps d'intégration de la caméra et la puissance incidente du laser. Des résultats convaincants ont été obtenus sur plusieurs pièces et démontrent la faisabilité de la numérisation 3D en projetant une ligne. Sur la figure 6-1 est représenté le résultat de la reconstruction d'un objet cylindrique à partir de cinq images.

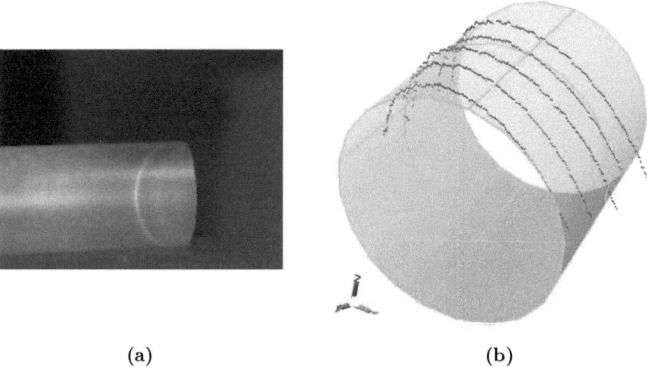

(a)   (b)

Figure 6-1 – Image IR de la projection d'une ligne (a),
nuage de points 3D résultant de cinq lignes (b)

La méthode réduit évidemment le temps d'acquisition et augmente la densité de points reconstruits. En revanche, la technique de balayage semble limiter la précision de mesure, le diamètre du cylindre pour l'exemple de la figure ci-dessus est estimé avec une erreur de 1,3 mm par rapport au diamètre nominal. La technique semble difficilement applicable sur des surfaces très conductrices et/ou fortement spéculaires. En effet, si l'absorption n'est pas suffisante ou si la conductivité thermique est trop grande, l'image thermique affiche une diffusion non uniforme du motif projeté.

Une autre perspective intéressante à ces travaux concerne la mesure sur des objets transparents. Les travaux de Eren [**91**] ont déjà démontré la possibilité de numériser des objets en verre par SfH en utilisant un laser à CO_2 émettant à une longueur d'onde de 10,6 µm, rayonnement pour lequel le verre est totalement opaque. Une sélection de longueur d'onde différente peut donner lieu à un autre phénomène. Sur une bouteille en verre (figure 6-2-(a)), nous avons ainsi pu observer en irradiant l'objet avec un laser à fibre (1,07 µm) que deux points de chaleur apparaissent sur l'image thermique (figure 6-2-(b)). Le premier point correspond à la génération de chaleur sur la surface externe de l'objet. Pour le deuxième point, moins intense, les expériences montrent qu'il s'agit d'un échauffement généré sur la surface externe de la bouteille après réflexion du rayonnement sur la surface interne. L'observation du phénomène est rendue possible du fait qu'une fraction non négligeable de rayonnement est transmise par le premier dioptre à cette longueur d'onde. Lorsque l'angle d'incidence augmente, un troisième point apparaît et les intensités de chacune des zones échauffées s'équilibrent. La raison est que l'angle de réflexion totale est atteint dans cette configuration (sur le second dioptre uniquement), ce qui confirme l'hypothèse initiale sur le phénomène observé. L'application immédiate de cette observation est la possibilité d'extraire une information sur la surface interne en plus de numériser la surface externe de la bouteille. La figure 6-2-(c) présente le résultat de cette acquisition avec notre prototype.

Il est certain que la surface 3D supérieure sur la figure 6-2-(c) correspond bien au dioptre externe de l'objet. Toutefois, la position relative de la seconde surface est erronée et sa détermination requiert des informations a priori. En effet, le calcul des coordonnées 3D du second point doit se faire à partir de la connaissance de l'indice de réfraction du verre, et de la normale à chacune des deux surfaces. Des hypothèses peuvent être faites en amont, pour lever l'ambigüité entre l'orientation et la profondeur des points de la deuxième surface. L'approfondissement de ces travaux permettrait d'offrir de nouvelles possibilités d'application, notamment sur la mesure sans contact d'épaisseur de verre, élargissant encore le champ d'application de la technique « Scanning from Heating ».

Chapitre 6 – Conclusion et perspectives

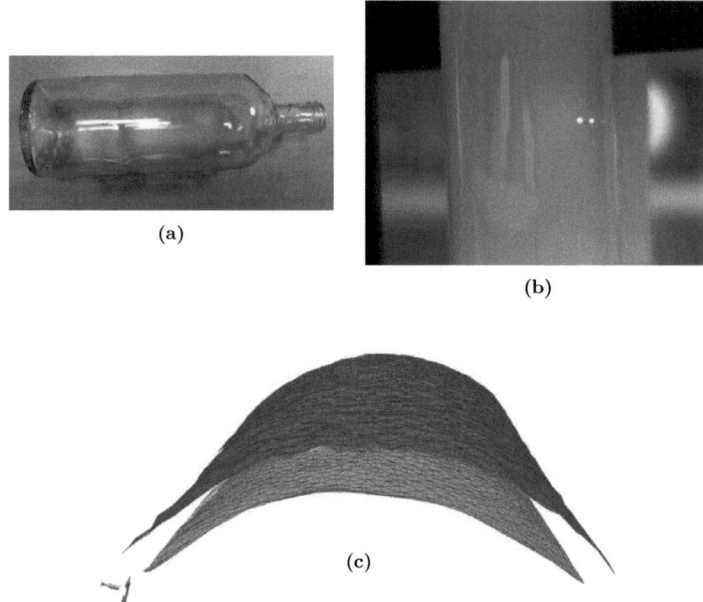

Figure 6-2 – Numérisation de la face interne et externe d'une bouteille en verre (a) par SfH : image IR d'un tir laser (b) et maillage résultant (c)

Bibliographie

[1] B. Curless, "Overview of Active Vision Techniques," in *SIGGRAPH Course on 3D Photography*, 2000.

[2] J-A. Beraldin, F. Blais, L. Cournoyer, G. Godin, and M. Rioux, "Active 3D sensing," *Modelli E Metodi Per Lo Studio E La Conservazione Dell'Architecttura Storica*, vol. 10, pp. 22-46, 2000.

[3] G. Sansoni, M. Trebeschi, and F. Docchio, "State-of-The-Art and Applications of 3D Imaging Sensors in Industry, Cultural Heritagen Medicine, and Criminal Investigation," *Sensors*, vol. 9, pp. 568-601, 2009.

[4] S. M. Seitz, B. Curless, J. Diebel, D. Scharstein, and R. Szeliski, "A Comparison and Evaluation of Multi-View Stereo Reconstruction Algorithms," in *Proceedings of the 2006 IEEE Computer Society Conference on Computer Vision and Pattern Recognition*, Washington, DC, 2006, pp. 519-528.

[5] S. Chambon, "Mise en correspondance stéréoscopique d'images couleur en présence d'occultations," Université Paul Sabatier, Toulouse III, Thèse de doctorat 2005.

[6] F. Chen, G. M. Brown, and M. Song, "Overview of three-dimensional shape measurement using optical methods," *SPIE Optical Engineering*, vol. 39, no. 1, pp. 10-22, January 2000.

[7] F. Blais, "Review of 20 years of range sensor development," *Journal of Electronic Imaging*, vol. 13, pp. 231-240, January 2004.

[8] R. Hartley and A. Zisserman, *Multiple View Geometry in Computer Vision*. New York, USA: Cambridge University Press, 2003.

[9] M. Pollefeys, M. Vergauwen, K. Cornelis, F. Verbiest, J. Schouteden, J. Tops, and L. V. Gool, "3D acquisition of archaeological heritage from images," in *CIPA International Symposium*, Potsdam, 2001.

[10] A. Lobay and D. A. Forsyth, "Shape from texture without boundaries," *International Journal of Computer Vision*, vol. 1, no. 67, pp. 71-91, 2006.

[11] N. Payet and S. Todorovic, "Scene shape from texture of objects," in *IEEE Conf. on Computer Vision and Pattern Recognition*, 2011, pp. 2017-2024.

[12] B. Horn, "Obtaining shape from shading information," in *The Psychology of Computer Vision*. New-York: P. Winston Editor, 1975, pp. 123-171.

[13] R. Zhang, P. S. Tsai, J. E. Cryer, and M. Shah, "Shape-from-shading," *IEEE Transactions on Pattern Analysis and Machine Intelligence*, vol. 21, no. 8, pp. 690-706, August 1999.

[14] E. Prados, F. Camilli, and O. Faugeras, "A viscosity solution method for Shape-From-Shading without image boundary data," *Mathematical Modelling and Numerical Analysis*, vol. 2, no. 40, pp. 393-412, 2006.

[15] J-D. Durou, V. Charvillat, M. Daramy, and P. Gurdjos, "Résolution du shape-from-shading par apprentissage," in *ORASIS - Congrès des jeunes chercheurs en vision par ordinateur*, Praz-sur-Arly, 2011.

[16] J. Forest, "New methods for triangulation-based shape acquisition using laser scanners," Universitat de Girona, Thèse de doctorat 2004.

[17] J. Batlle, J. Salvi, and E. Mouaddib, "Recent Progress in Coded Structured Light as a Technique to Solve the Correspondence Problem : A Survey," *Pattern Recognition*, vol. 7, no. 31, pp. 963-982, July 1998.

[18] J. Salvi, J. Pagès, and J. Battle, "Pattern Codification Strategies in Structured Light Systems," *Pattern Recognition*, vol. 4, no. 37, pp. 827-849, April 2004.

[19] S. Khalfaoui, A. Aigueperse, R. Seulin, Y. Fougerolle, and D. Fofi, "Fully automatic 3D digitization of unknown objects using progressive data bounding box," in *Three-Dimensional Image Processing (3DIP) and Applications, SPIE Electronic imaging*, San Francisco, 2012.

[20] J. Pagès. (2003, November) Comparative results of 3D reconstruction. [Online]. http://jordipages.webs.com/codedlight/examples/examples.html

[21] T. P. Kersten, H. Sternberg, and K. Mechelke, "Investigations into the Accuracy Behaviour of the Terrestrial Laser Scanning System Mensi GS100," *Optical 3-D Measurement Techniques VII*, vol. I, pp. 122-131, 2005.

[22] Y. Bokhabrine, "Application des techniques de numérisation tridimensionnelle au contrôle de process de pièces de forges," Université de Bourgogne, Dijon, Thèse de doctorat 2010.

[23] B. Jahne, P. Geissler, and H. Haussecker, *Handbook of Computer Vision and Applications*. San Francisco, USA: Morgan Jaufmann Publishers Inc., 1999.

[24] H. Takasaki, "Moiré Topography," *Applied Optics*, vol. 9, no. 6, pp. 1467-1472, 1970.

[25] K. Harding and L. Bieman, "High-speed moire contouring methods analysis," in *Proc. SPIE 3520*, 1998, pp. 27-35.

[26] J-Y. Bouguet and P. Perona, "3D photography on your desk," in *Proc. of IEEE International Conference on Computer Vision*, Bombay, 1998, pp. 43-50.

[27] C. Coulot, "Etude de l'éclairage de surfaces métalliques pour la vision artificielle : application au contrôle dimensionnel," Université de Bourgogne, Dijon, Thèse de doctorat 1997.

[28] P. Beckmann and A. Spizzichino, *The scattering of electromagnetic waves from rough surfaces*. New York: Pergamon, 1963.

[29] K. Torrance and E. Sparrow, "Theory for off-specular reflection from roughened surfaces," *Journal of the Optical Society of America*, no. 57, pp. 1105-1114, 1967.

[30] S. K. Nayar, E. Ikeuchi, and T. Kanade, "Surface Reflection : Physical and Geometrical Perspectives," Robotics Institute, Pittsburgh, PA, CMU-RI-TR-89-07, 1989.

[31] R. Horaud and O. Monga, *Vision par ordinateur : outils fondamentaux*, 2nd ed.: Hermès, 1995.

[32] Nikon Metrology. (2012) Web Site - Handheld 3D scanners. [Online]. http://www.nikonmetrology.com/handheld_scanners/mmdx_mmc/

[33] F-W. Bach, K. Möhwald, M. Nicolaus, E. Reithmeier, M. Kästner, and O. Abo-Namous, "Non-Contact geometry inspection of workpieces with optically non-cooperative surfaces," *Key Engineering Materials*, vol. 438, pp. 123-129, 2010.

[34] I. Ihrke, K. N. Kutulakos, H. P. A. Lensch, M. Magnor, and W. Heidrich, "Transparent and Specular Object Reconstruction," *Computer Graphics Forum*, vol. 29, no. 8, pp. 1-27, December 2010.

[35] Y. Surrel, "Images Optiques : mesures 2D et 3D ," Conservatoire National des Arts et Métiers, Cours 2004.

[36] VISUOL Technologies. (2006) QualiSURF : Solution R&D pour les applications Class A. [Online]. http://www.visuol.com/rubrique.php?id_rubrique=14

[37] Holo3. (2012) Holomap - mesure sur surfaces réfléchissantes. [Online]. http://www.holo3.com/mesure-sur-surfaces-reflechissantes-afr20.html

[38] J. Balzer, S. Holer, and J. Beyerer, "Multiview specular stereo reconstruction of large mirror surfaces," in *IEEE Conference on Computer Vision and Pattern Recognition*, Providence, RI, 2011, pp. 2537-2544.

[39] J. W. Horbach and T. Dang, "3D reconstruction of specular surfaces using a calibrated projector-camera setup," *Machine Vision and Applications*, vol. 21, no. 3, pp. 331-340, 2010.

[40] J. Horbach, "Verfahren zur optischen 3D-Vermessung spiegelnder Oberflächen," Institut für Mess- und Regelungstechnik, Universität Karlsruhe, Ph.D. thesis 2008.

[41] R. Muhr, G. Schutte, and M. Vincze, "A Triangulation Method for 3D-Measurement of Specular Surfaces," *International Archives of Photogrammetry, Remote Sensing and Spatial Information Sciences*, vol. 38, no. 5, pp. 466-471, 2010.

[42] M. Tarini, H. P.A. Lensch, M. Goesele, and H.-P. Seidel, "3D Acquisition of mirroring objects using striped patterns," *Graphical Models*, vol. 67, no. 4, pp. 233-259, July 2005.

[43] Y. Chuang, D. Zongker, J. Hindorff, B. Curless, D. Salesin, and R. Szeliski, "Environment Matting Extensions: Towards Higher Accuracy and Real-Time Capture," in *Proceedings of ACM SIGGRAPH*, 2000, pp. 121-130.

[44] T. Bonfort, P. Sturm, and P. Gargallo, "General Specular Surface Triangulation," in *Asian Conference on Computer Vision*, 2006, pp. 872-881.

[45] L. B. Wolff and T. E. Boult, "Constraining object Features using a Polarization Reflectance Model," *IEEE Transactions on Pattern Analysis and Machine Intelligence*, vol. 13, no. 7, pp. 635-657, 1991.

[46] S. Rahmann, "Reconstruction of quadrics from two polarization views," in *Iberian Conference on Pattern Recognition and Image Analysis*, Mallorca, 2003, pp. 810-820.

[47] S. Rahmann and N. Canterakis, "Reconstruction of specular surfaces using polarization imaging," in *IEEE Computer Vision and Pattern Recognition*, Kauai, 2001, pp. 149-155.

[48] D. Miyazaki, M. Kagesawa, and K. Ikeuchi, "Transparent surface modeling from a pair of polarization images," *IEEE Trans. on Pattern Analysis and Machine Intelligence*, vol. 1, no. 26, pp. 73-82, 2004.

[49] O. Morel, C. Stolz, F. Meriaudeau, and P. Gorria, "Active Lighting Applied to 3D Reconstruction of Specular Metallic Surfaces by Polarization Imaging," *Applied Optics*, vol. 45, no. 17, pp. 4062-4068, June 2006.

[50] J. Park and A. C. Kak, "Multi-peak range imaging for accurate 3D reconstruction of specular objects," in *Asian Conference on Computer Vision*, 2004.

[51] J. Park and A.C. Kak, "3D Modeling of Optically Challenging Objects," *IEEE Transactions on Visualization and Computer Graphics*, vol. 14, pp. 246-262, 2008.

[52] A. Zisserman, P. Giblin, and A. Blake, "The information available to a moving observer from specularities," *Image and Vision Computing*, vol. 1, no. 7, pp. 38-42, 1989.

[53] J. Y. Zheng and A. Murata, "Acquiring 3D object models from specular motion using circular lights illumination," in *IEEE International Conference on Computer Vision*, Bombay, 1998, pp. 1101-1108.

[54] J. Y. Zheng and A. Murata, "Acquiring a complete 3D model from specular motion under the illumination of circular-shaped light sources," *IEEE Transactions on Pattern Analysis and Machine Intelligence*, vol. 22, no. 8, pp. 913-920, 2000.

[55] S. Roth and M. J. Black, "Specular Flow and the Recovery of Surface Structure," in *Proceedings of IEEE Conference on Computer Vision and Computer Recognition (CVPR)*, New York, 2006, pp. 1869-1876.

[56] Y. Adato, Y. Vasilyev, O. Ben-Shahar, and T. Zickler, "Toward a Theory of Shape from Specular Flow," in *Proceedings of IEEE International Conference on Computer Vision (ICCV)*, Rio de Janeiro, 2007, pp. 1-8.

[57] Y. Adato, Y. Vasilyev, T. Zickler, and O. Ben-Shahar, "Shape from Specular

Flow," *IEEE Transactions on Pattern Analysis and Machine Intelligence (PAMI)*, vol. 32, no. 11, pp. 2054 - 2070, November 2010.

[58] A. Sanderson, L. Weiss, and S. Nayar, "Structured highlight inspection of specular surfaces," *IEEE Trans. Pattern Analysis and Machine Intelligence*, vol. 10, pp. 44-55, 1988.

[59] K. Graves, R. Nagarajah, and P. R. Stoddart, "Analysis of structured highlight stereo imaging for shape measurement of specular objects," *Optical Engineering*, vol. 46, no. 8, 2007.

[60] D. N. Bhat and S. K. Nayar, "Stereo and specular reflection," *International Journal of Computer Vision*, vol. 26, no. 2, pp. 91-106, 1998.

[61] M. Gupta, A. Agrawal, and A. Veeraraghavan, "Structured light 3D scanning in the presence of global illumination," in *IEEE Conference on Computer Vision and Pattern Recognition (CVPR)*, Providence, RI, 2011, pp. 713-720.

[62] M. Gupta, A. Agrawal, A. Veerararahavan, and S. G. Narasimhan, "A Practical Approach to 3D Scanning in the Presence of Interreflections, Subsurface Scattering and Defocus," *International Journal of Computer Vision (IJCV), Special Issue on 3D Imaging, Processing and Modeling Techniques*, 2012.

[63] Microsoft Corporation. (2012) Kinect for Windows. [Online]. http://www.microsoft.com/en-us/kinectforwindows/

[64] M. Hayes and A. Bainbridge-Smith, "Altitude control of a quadrotor helicopter using depth map from Microsoft Kinect sensor," in *IEEE International Conference on Mechatronics (ICM)*, Istanbul, 2011, pp. 358-362.

[65] I. Oikonomidis, N. Kyriazis, and A. A. Argyros, "Efficient Model-based 3D Tracking of Hand Articulations using Kinect," in *British Machine Vision Conference*, 2011.

[66] D. Modrow, C. Laloni, G. Doemens, and G. Rigoll, "A novel sensor system for 3D face scanning based on infrared coded light," in *SPIE Three-Dimensional Image Capture and Applications, vol6805*, San Jose, 2008.

[67] S. Boverie, M. Devy, and F. Lerasle, "3D perception for new airbag generations," in *15th IFAC World Congress on Automatic Control*, Barcelona, 2002.

[68] F-M. Lefevere, M. Saric, and Google Inc., "Detection of grooves in scanned images," US7508978, March 24, 2009.

[69] S. Prakash, P. Y. Lee, T. Caelli, and T. Raupach, "Robust thermal camera calibration and 3D mapping of objects surface temperatures," in *SPIE Thermosense XXVIII*, Kissimmee, Florida, 2006.

[70] R. Yang and Y. Chen, "Design of a 3-D Infrared Imaging System Using

Structured Light," *IEEE Transactions on Instrumentation and Measurement*, vol. 60, no. 2, pp. 608-617, February 2011.

[71] J.-J. Orteu, Y. Rotrou, T. Sentenac, and L. Robert, "An Innovative Method for 3-D Shape, Strain and Temperature Full-Field Measurement Using a Single Type of Camera: Principle and Preliminary Results," *Experimental Mechanics*, vol. 48, no. 2, pp. 163-179, 2008.

[72] A. Okamoto, Y. Wasa, and Y. Kagawa, "Development of shape measurement system for hot large forging," *R & D Kōbe Seikō gihō*, vol. 57, no. 3, pp. 29-33, 2007.

[73] M. F. Osorio, A. Salazar, F. Prieto, P. Boulanger, and P. Figueroa, "Three-dimensional digitization of highly reflective and transparent objects using multi-wavelength range sensing," *Machine Vision and Applications*, vol. 23, no. 4, pp. 761-772, 2012.

[74] D. Miyazaki, M. Saito, Y. Sato, and K. Ikeuchi, "Determining surface orientations of transparent objects based on polarization degrees in visible and infrared wavelengths," *Journal of the Optical Society of America*, vol. 4, no. 19, pp. 687-694, 2002.

[75] R. Rantoson, C. Stolz, D. Fofi, and F. Mériaudeau, "3D Reconstruction by polarimetric imaging method based on perspective model," in *SPIE Europe Optical Metrology*, Munich, 2009.

[76] M. Ferraton, C. Stolz, and F. Mériaudeau, "Optimization of a polarization imaging system for 3d measurements of transparent objects," *Optics Express*, no. 17, pp. 21077-21082, 2009.

[77] K. Hajebi and J. S. Zelek, "Structure from Infrared Stereo Images," in *Canadian Conference on Computer and Robot Vision*, Waterloo, Ontario, Canada, 2008, pp. 105-112.

[78] M. Bertozzi, "Infrared Stereo Vision-based Pedestrian Detection," in *IEEE Intelligent Vehicles Symposium*, 2005, pp. 24-29.

[79] B. Ducarouge, "Reconstruction 3D infrarouge par perception active," INSA Toulouse, Toulouse, Thèse de Doctorat 2011.

[80] J.L. Bodnar, M. Egée, C. Menu, R. Besnard, A. Le Blanc, M. Pigeon, and J.Y. Sellier, "Cracks detection by a moving photothermal probe," *Journal de Physique*, vol. IV, no. C7-591, Juillet 1994.

[81] J.L. Bodnar and M. Egée, "Wear Crack characterization by photothermal radiometry," *WEAR*, vol. 196, pp. 54-59, August 1996.

[82] A. Dillenz, G. Busse, and D. Wu, "Ultrasound lockin thermography: feasibilities and limitations," in *SPIE Diagnostic Imaging Technologies and Industrial Applications, Proceedings Vol. 3827*, 1999, pp. 10-15.

[83] Th. Zweschper, A. Dillenz, G. Riegert, D. Scherling, and G. Busse, "Ultrasound excited thermography using frequency modulated elastic waves,"

University of Stuttgart - e/de/vis - Airbus Germany, 2003.

[84] K. S. Hall, "Air-coupled ultrasonic tomographic imaging of concrete elements," University of Illinois at Urbana-Champaign, Ph.D. Thesis 2011.

[85] J-F. Pelletier and X. Maldague, "Shape from heating: a two-dimensional approach for shape extraction in infrared images," *Optical Engineering*, vol. 36, no. 2, pp. 370-375, February 1997.

[86] C. Liu, L. Czuban, P. Bison, E. Grinzato, S. Marinetti, and X. Maldague, "Complex-surfaced objects: effects on phase and amplitude images in pulsed phase thermography," in *Asia-Pacific Conference on NDT*, Auckland, New Zealand, 2006.

[87] F. Meriaudeau, R. Rantoson, G. Eren, L. Sanchez-Secades, A. Bajard, O. Aubreton, M. Ferraton, D. Fofi, I. Mohammad, O. Morel, C. Stolz, and F. Truchetet, *3D Scanning of Transparent Objects by means of Non Conventional Imaging Techniques*.: IGI Global, 2011.

[88] R. Rantoson, C. Stolz, D. Fofi, and F. Meriaudeau, "Optimization of transparent objects digitization from visible fluorescence ultraviolet induced," *Optical Engineering*, no. 51, April 2012.

[89] R. Rantoson, "Numérisation 3D d'objets transparents par polarisation dans l'IR & par triangulation dans l'UV," Université de Bourgogne, Thèse 2011.

[90] G. Eren, A. Erçıl, L.A. Sanchez, O. Aubreton, D. Fofi, F. Meriaudeau, and F. Truchetet, "Scanner 3D," Patent n°WO2010070383 (A1), June 24, 2010.

[91] G. Eren, "3D Scanning of Transparent objects," Université de Bourgogne - Sabancı Üniversitesi, Thèse de doctorat, Septembre 2010.

[92] G. Eren, O. Aubreton, F. Meriaudeau, L. A. Sanchez Secades, D. Fofi, A. T. Naskali, F. Truchetet, and A. Erçıl, "Scanning From Heating : 3D shape estimation of transparent objects from local surface heating," *Optics Express*, vol. 17, no. 14, pp. 11457-11468, 2009.

[93] G. Gaussorgues, *Infrared Thermography*, Chapman & Hall, Ed., 1994.

[94] J. Fourier, "Théorie Analytique de la Chaleur," Firmin Didot, Paris, Mémoire 1822.

[95] R. Paschotta. (2011) Gaussian Beams. Encyclopedia of Laser Physics and Technology.

[96] B. Eyglunent, *Manuel de Thermique*.: Hermès Science Publication, 2000.

[97] H. Brune, "Physique du Solide - Chap.1 Théorie de Drude," EPFL - Laboratory of Nanostructures at Surfaces, Lausanne, 2008.

[98] M. A. Ordal, L. L. Long, R. J. Bell, R. R. Bell, R. W. Alexander, and C. A. Ward, "Optical properties of the metals Al, Co, Cu, Au, Fe, Pb, Ni, Pd, Pt, Ag, Tl, and W in the infrared and far infrared," *Applied Optics*, vol. 22, no. 7, April 1983.

[99] S. B. Boyden and Y. Zhang, "Temperature and Wavelength-Dependant Spectral Absorptivities of Metallic Materials in the Infrared," *Journal of Thermophysics and Heat Transfer*, vol. 20, no. 1, pp. 9-15, January-March 2006.

[100] A. M. Prokhorov, *Laser Heating of Metals*. United Kingdom: Taylor & Francis, 1990.

[101] S. Matteï, "Rayonnement thermique des matériaux opaques," vol. BE 8 210, 2005.

[102] Y. S. Touloukian, *Thermophysical Properties of Matter*, Springer, Ed., 1995.

[103] Edward D. Palik, *Handbook of Optical Constants of Solids*. Boston: Academic Press, 1985.

[104] M. Polyanskyi. (2012) Refractive index Database. [Online]. http://refractiveindex.info/

[105] T. J. Wieting and J. T. Schriempf, "Infrared Absorptance of Partially Ordered Alloys at Elevated Temperatures," *Journal of Applied Physics*, vol. 47, no. 9, pp. 4009-4011, 1976.

[106] B. Karlsson and G. Ribbing, "Optical constants and spectral selectivity of stainless steel and its oxides," *Journal of Applied Physics*, vol. 53, no. 9, pp. 6340-6346, 1982.

[107] E. W. Spisz, A. J. Weigand, R. L. Ebwman, and J. R. Jack, "Solar absorbtances and spectral reflectances of 12 metals for temperatures ranging from 300 to 500K," NASA, Cleveland, Ohio, Technical Note TN D-5353, 1969.

[108] D. K. Edwards and I. Catton, "Radiation characteristics of rough and oxidized metals," *Adv. Thermophys. Proprieties Extreme Temp. Pressures*, pp. 189-199, 1965.

[109] H. P. Baltes, "On the validity of Hirchhoff's law of heat radiation for a body in a nonequilibrium environment," in *Progress in Optics XIII*, E. Wolf, Ed. North-Holland, 1976.

[110] Raytek. (2012) Mesure de température sans contact par infrarouge. [Online]. http://www.raytek.com/Raytek/fr-r0/IREducation/EmissivityTableMetals.htm

[111] The Engineering ToolBox. Emissivity Coefficients of some common Materials. [Online]. http://www.engineeringtoolbox.com/emissivity-coefficients-d_447.html

[112] J. Hameury and W. Sabuga, "Bilateral intercomparison of total hemispherical emissivity and normal spectral emissivity measurements at BNM-LNE PTB," in *9th International Metrology Congress*, Bordeaux, 1999, pp. 539-542.

[113] FLIR. (2012) The World Leader in Thermal Imaging. [Online].

http://www.flir.com

[114] R. I. Hartley and A. Zisserman, *Multiple View Geometry in Computer Vision*, 2nd ed.: Cambridge University Press, 2004.

[115] C. Tisseron, *Geométries affine, projective et euclidienne*, Hermann, Ed., 1988.

[116] F. Marzani, Y. Voisin, L. F. C. Lew Yan Voon, and A. Diou, "Calibration of a three-dimensional reconstruction system using a structured light source," *Optical Engineering*, vol. 41, no. 2, pp. 484-492, 2002.

[117] M. J. Riedl, *Optical Design Fundamentals for Infrared Systems*, Second Edition ed. USA: SPIE, 2001.

[118] M. Oka, N. Eguchi, and H. Suganuma, "Apparatus and method for compensating coma aberration," 5726436, March 10, 1998.

[119] R. Siegel and J. Howell, *Thermal Radiation Heat Transfer*, 4th ed. New York: Taylor & Francis, 2002.

[120] J. Pujana, L. Del Campo, R. B. Pérez-Saez, M. J. Tello, I. Gallego, and P. J. Arrazola, "Radiation thermometry applied to temperature measurement in the cutting process," *Measurement Science and Technology*, 2007.

Table des illustrations

Figure 2-1 – Une classification des méthodes d'acquisition 3D 6

Figure 2-2 – Mesure 3D avec contact 7

Figure 2-3 – Points de correspondance calculés sur une paire d'images stéréoscopiques 9

Figure 2-4 – Illustration de l'ambigüité concave/convexe du Shape from Shading provenant d'une même image retournée 10

Figure 2-5 – Principe de la triangulation active 11

Figure 2-6 – Motifs de lumière structurée codés par la couleur [20] 12

Figure 2-7 – Comet 5 de Steinbichler 13

Figure 2-8 – Mesure de vibrations par holographie interférométrique 14

Figure 2-9 – Modèle de réflexion de Nayar 17

Figure 2-10 – Influence de la rugosité sur la direction de réflexion 18

Figure 2-11 – Exemple d'erreur obtenue sur une surface réfléchissante [31] 19

Figure 2-12 – Numérisation d'un objet spéculaire par triangulation laser 20

Figure 2-13 – Projection de franges et résultats de numérisation sur trois types de surfaces : surface poudrée (a), acier brut (b) et acier spéculaire (c) 20

Figure 2-14 – Déformation de l'environnement sur une surface spéculaire 22

Figure 2-15 – Principe de la déflectométrie 22

Figure 2-16 – Champs de courbures x et y sur un CD-ROM 23

Figure 2-17 – Ambigüité sur la reconstruction 24

Figure 2-18 – Déformation du motif et nuage de points 3D correspondant 25

Figure 2-19 – Prototype de numérisation de surfaces spéculaires par imagerie polarimétrique [49] 26

Figure 2-20 – Reconstruction 3D d'une pièce en céramique par suppressions itératives des points faux 27

Figure 2-21 – Scène acquise dans la bande visible et infrarouge 29

Figure 2-22 – Illustration du système de numérisation de livres par imagerie infrarouge [68] 31

Figure 2-23 – Numérisation d'une surface en verre par fluorescence induite : objet en verre, point de fluorescence acquis et nuage de points obtenu 37

Figure 2-24 – Objet en verre numérisé par Scanning from Heating 38

Figure 2-25 – Emissivité totale directionnelle des métaux et diélectriques [93] 39

Figure 2-26 – Mesure de la réflectivité bidirectionnelle visible (a) et du rayonnement émis IR (b) en fonction de l'angle d'observation sur deux aciers de rugosités différentes...39

Figure 3-1 – Illustration des échanges thermiques à modéliser..............................42

Figure 3-2 – Modélisation du problème de conduction 44

Figure 3-3 – Absorptivité spectrale de l'acier AISI 304..53

Figure 3-4 – Réflectivité spectrale de trois aciers 54

Figure 3-5 – Absorptivité spectrale pour plusieurs métaux 55

Figure 3-6 – Modèle du corps noir 56

Figure 3-7 – Loi de Planck : luminance spectrique du corps noir..........................57

Figure 3-8 – Distribution spectrale de la luminance de différents corps à la même température...59

Figure 3-9 – Emissivité directionnelle spectrale du titane pur...............................60

Figure 3-10 – Mesures d'intensité rayonnée dans la bande [7,5-13] µm par un acier poli en fonction de la direction d'observation 60

Figure 3-11 – Distribution spectrale de la transmission atmosphérique et bandes usuelles de mesure du rayonnement infrarouge...63

Figure 3-12 – Principe de fonctionnement d'un détecteur quantique : (a) à température ambiante, (b) capteur refroidi à -196°C, (c) absorption d'un photon infrarouge 65

Figure 3-13 – Maillage du modèle numérique 68

Figure 3-14 – Cartographie et profils de température après un pulse laser pour un aluminium (a) et un acier (b) 69

Figure 3-15 – Influence de la conductivité sur la réponse thermique : profils de température (a), évolution de l'intensité et de la taille du spot (b) 70

Figure 3-16 – Courbes de réponse thermique à P=30W...73

Figure 3-17 – Comparaison entre les résultats obtenus par simulation et les images acquises en conditions réelles par caméra thermique 74

Figure 4-1 – Système expérimental de numérisation 3D (a) dans sa cellule automatisée (b) 78

Figure 4-2 – Principe de la projection perspective (a) et données de calibrage mesurées dans le repère image (b) 79

Figure 4-3 – Conservation du birapport de quatre droites concourantes...............80

Figure 4-4 – Ordonnancement des tâches du processus de numérisation 3D.........81

Figure 4-5 – Position du maximum avant (a) et après filtrage gaussien (b).........83

Figure 4-6 – Limitation de la ROI pour la recherche du point de chaleur 83

Figure 4-7 – Maximum d'intensité (point rouge) et barycentre de la forme segmentée par croissance de région (point bleu) 84

Figure 4-8 – Nuage de points et carte de déviation obtenus avec précision au pixel (a) et avec précision subpixellique (b) 85

Figure 4-9 – Illustration schématique de l'échantillonnage spatial de la mesure ... 86

Figure 4-10 – Résultat de la numérisation d'un cylindre en acier électro-zingué .. 87

Figure 4-11 – Résultat de la numérisation d'une sphère en aluminium 88

Figure 4-12 – Nuages de points 3D obtenus sur deux surfaces spéculaires 89

Figure 4-13 – Images infrarouges issues du calibrage pour Z=-25mm (a), Z=0mm (b), Z=25mm (c) 91

Figure 4-14 – Caustique 3D du faisceau laser 92

Figure 4-15 – Distribution de l'intensité du faisceau laser selon un plan perpendiculaire à la direction d'incidence (a) et profil 3D correspondant (b) 93

Figure 4-16 – Photo du prototype 94

Figure 4-17 – Optiques de focalisation du faisceau 97

Figure 4-18 – Configuration du processus de calibrage 98

Figure 4-19 – Données de calibrage des miroirs 100

Figure 4-20 – Somme des images obtenues pour un déplacement du faisceau laser selon une matrice de taille (15,15) 101

Figure 4-21 – Pseudo-grille de points dans le repère image pour trois positions intermédiaires du plan de calibrage 101

Figure 4-22 – Relation entre la coordonnée Z en mm d'un point dans le repère monde et sa position relative en pixels dans le repère image 102

Figure 4-23 – Interpolation des données de calibrage. A gauche : points mesurés, à droite : points interpolés (en rouge) à partir de neuf points mesurés (en bleu) 103

Figure 5-1 – Résultat de numérisation sur cylindre spéculaire (a), surface maillée correspondante (b), carte d'erreur (c) 106

Figure 5-2 – Résultat de numérisation sur un réflecteur (a), surface maillée correspondante (b), carte d'erreur (c) 107

Figure 5-3 – Résultat de numérisation sur une cuillère à glace (a), surface maillée correspondante (b), carte d'erreur (c) 107

Figure 5-4 – Résultat de numérisation sur une pièce oxydée (a), surface maillée correspondante (b), carte d'erreur (c) 108

Figure 5-5 – Reconstruction 3D d'un plan en rotation autour de l'axe Y 109

Figure 5-6 – Erreur moyenne de planéité en fonction de l'angle d'incidence 110

Figure 5-7 – Cas du plan situé à 60°, image IR du point en haut à droite (a), du point central (b) et carte de déviation (c) 111

Figure 5-8 – Classification des modèles de réflexion des surfaces opaques : surface lambertienne (a), surface mixte (b), surface spéculaire (c) 111

Figure 5-10 – Réponse thermique en fonction de la rugosité 113

Figure 5-9 – Réflectivité bidirectionnelle du nickel dans la direction spéculaire (a) et émissivité spectrale normale du tungstène (b) en fonction de la longueur d'onde et de la rugosité 113

Figure 5-11 – Echantillons de l'étude (a) et disposition expérimentale (b) 115

Figure 5-12 – Les trois systèmes d'acquisition dédiés à la comparaison des résultats sur chaque échantillon : MMT (a), scanner à projection de franges (b), scanner basé SfH (c) 115

Figure 5-13 – Déviations mesurées entre la numérisation par scanner conventionnel et la référence MMT (a) et entre la numérisation par SfH et la référence MMT (b) pour un échantillon de rugosité Ra=1,35 µm 116

Figure 5-14 – Evolution des écarts-types avec la rugosité 118

Figure 5-15 – Evolution de l'angle maximal avec la rugosité 119

Figure 5-16 – Comparaison des résultats de numérisation 3D sur une pièce mixte (a) et sur une pièce spéculaire (b) 121

Figure 6-1 – Image IR de la projection d'une ligne (a), nuage de points 3D résultant de cinq lignes (b) 127

Figure 6-2 – Numérisation de la face interne et externe d'une bouteille en verre (a) par SfH : image IR d'un tir laser (b) et maillage résultant (c) 128

Liste des tableaux

Tableau 2-1 – Comparaison des techniques optiques de mesures 3D [3] 15

Tableau 3-1 – Puissances incidentes calculées pour atteindre 3K après t=1ms, t=10ms, t=20ms 72

Tableau 3-2 – Temps de montée à 3K pour P=10W, 30W, 50W 73

Tableau 5-1 – Erreurs de planéité 109

Tableau 5-2 – Ecarts-types des distributions d'erreur de chaque système 117

Tableau 5-3 – Angles d'incidence maximaux de la numérisation 119

Tableau 5-4 – Erreurs sur la mesure du diamètre 120

« *La théorie, c'est quand on sait tout et que rien ne fonctionne. La pratique, c'est quand tout fonctionne et que personne ne sait pourquoi. Si la pratique et la théorie sont réunies, rien ne fonctionne et on ne sait pas pourquoi.* »

[Albert Einstein]

Oui, je veux morebooks!

i want morebooks!

Buy your books fast and straightforward online - at one of world's fastest growing online book stores! Environmentally sound due to Print-on-Demand technologies.

Buy your books online at
www.get-morebooks.com

Achetez vos livres en ligne, vite et bien, sur l'une des librairies en ligne les plus performantes au monde! En protégeant nos ressources et notre environnement grâce à l'impression à la demande.

La librairie en ligne pour acheter plus vite
www.morebooks.fr

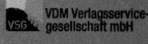

VDM Verlagsservicegesellschaft mbH
Heinrich-Böcking-Str. 6-8   Telefon: +49 681 3720 174   info@vdm-vsg.de
D - 66121 Saarbrücken   Telefax: +49 681 3720 1749 www.vdm-vsg.de

Printed by Books on Demand GmbH, Norderstedt / Germany